助力乡村振兴
出版计划

【现代养殖业实用技术系列】

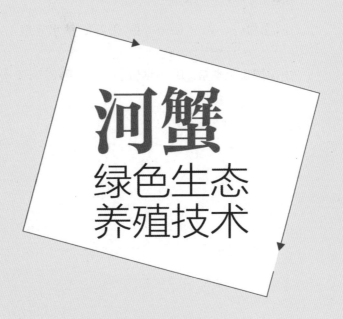

河蟹
绿色生态养殖技术

主　　编　凌　俊
副 主 编　杨　敏　潘庭双
编写人员　胡玉婷　汪　焕　周华兴　段国庆

U0396231

时代出版传媒股份有限公司
安徽科学技术出版社

图书在版编目(CIP)数据

河蟹绿色生态养殖技术 / 凌俊主编. --合肥:安徽科学技术出版社,2023.12

助力乡村振兴出版计划. 现代养殖业实用技术系列

ISBN 978-7-5337-8863-6

Ⅰ.①河… Ⅱ.①凌… Ⅲ.①养蟹-淡水养殖-生态养殖 Ⅳ.①S966.16

中国国家版本馆 CIP 数据核字(2023)第 211393 号

河蟹绿色生态养殖技术　　　　　　　　　　　　　　　　　　主编 凌 俊

出 版 人:王筱文　选题策划:丁凌云　蒋贤骏　陶善勇　责任编辑:李 春
责任校对:张 枫　责任印制:梁东兵　　　　　　　　　装帧设计:冯 劲
出版发行:安徽科学技术出版社　　　　　http://www.ahstp.net
　　　　　(合肥市政务文化新区翡翠路 1118 号出版传媒广场,邮编:230071)
　　　　　电话:(0551)63533330
印　　制:合肥华云印务有限责任公司　　　电话:(0551)63418899
(如发现印装质量问题,影响阅读,请与印刷厂商联系调换)

开本:720×1010　1/16　　　　印张:6.75　　　　字数:100 千
版次:2023 年 12 月第 1 版　　　印次:2023 年 12 月第 1 次印刷

ISBN 978-7-5337-8863-6　　　　　　　　　　　　定价:30.00 元

出版说明

　　"助力乡村振兴出版计划"（以下简称"本计划"）以习近平新时代中国特色社会主义思想为指导，是在全国脱贫攻坚目标任务完成并向全面推进乡村振兴转进的重要历史时刻，由中共安徽省委宣传部主持实施的一项重点出版项目。

　　本计划以服务区域乡村振兴事业为出版定位，围绕乡村产业振兴、人才振兴、文化振兴、生态振兴和组织振兴展开，由《现代种植业实用技术》《现代养殖业实用技术》《新型农民职业技能提升》《现代农业科技与管理》《现代乡村社会治理》五个子系列组成，主要内容涵盖特色养殖业和疾病防控技术、特色种植业及病虫害绿色防控技术、集体经济发展、休闲农业和乡村旅游融合发展、新型农业经营主体培育、农村环境生态化治理、农村基层党建等。选题组织力求满足乡村振兴实务需求，编写内容努力做到通俗易懂。

　　本计划的呈现形式是以图书为主的融媒体出版物。图书的主要读者对象是新型农民、县乡村基层干部、"三农"工作者。为扩大传播面、提高传播效率，与图书出版同步，配套制作了部分精品音视频，在每册图书封底放置二维码，供扫码使用，以适应广大农民朋友的移动阅读需求。

　　本计划的编写和出版，代表了当前农业科研成果转化和普及的新进展，凝聚了乡村社会治理研究者和实务者的集体智慧，在此谨向有关单位和个人致以衷心的感谢！

　　虽然我们始终秉持高水平策划、高质量编写的精品出版理念，但因水平所限仍会有诸多不足和错漏之处，敬请广大读者提出宝贵意见和建议，以便修订再版时改正。

本册编写说明

发展河蟹养殖,对于保障水产品安全有效供给、推进乡村产业振兴和农业强省建设具有重要意义,已成为助力乡村振兴的特色优势富民产业之一。

2022年,安徽省河蟹产量达10.5万吨,占全国总产量的12.8%,位居第3位。历经30余年的发展,我省河蟹产业规模逐渐趋于稳定,产业链趋于完善,逐步形成了集蟹苗繁育、蟹种培育、成蟹养殖、产品加工与品牌销售、节庆宣传等全产业链集群发展。当前,我省河蟹产业发展正迈入从规模化向高质化过渡的重要转型期,面临着诸如种业发展滞后、种源尚未完全自主可控、蟹苗(种)质量良莠不齐、养殖组织化和标准化程度不高、精深加工技术与产品欠缺、品牌繁杂而溢价低等产业问题,亟待依靠科技创新和成果转化,加强河蟹新品种(系)选育,加快新模式、新技术集成示范和新装备推广应用,推进河蟹全产业链增值、全产业融合发展,不断提高我省河蟹产业发展质量和市场竞争力,更好地适应不断升级的消费市场需求。

本书放眼当前国内河蟹产业发展趋势,共分为7章,介绍了河蟹生活史、生物学习性与品种资源、河蟹产地环境要求、河蟹繁育、仔幼蟹培育、成蟹绿色养殖、病害防控、捕捞、暂养等方面的内容,较为全面、系统地介绍了河蟹养殖的关键环节。全书内容根据我省河蟹产业发展实际,力求针对性和实用性,文字通俗易懂。

目　录

第一章　河蟹生活史、生物学习性与品种资源 …………… 1

第一节　河蟹生活史 ……………………………… 1

第二节　生活习性 ………………………………… 3

第三节　繁殖习性 ………………………………… 5

第四节　河蟹品种资源与区域分布 ……………… 11

第五节　河蟹新品种 ……………………………… 14

第二章　河蟹产地环境要求 …………………………… 18

第一节　养殖选址 ………………………………… 18

第二节　蟹池建设 ………………………………… 18

第三节　配套系统 ………………………………… 20

第三章　河蟹繁育 ……………………………………… 24

第一节　亲蟹准备 ………………………………… 24

第二节　亲蟹繁殖 ………………………………… 27

第三节　排幼育幼 ………………………………… 30

第四节　蟹苗淡化 ………………………………… 33

第四章　河蟹仔幼蟹培育 ……………………………… 36

第一节　池塘准备 ………………………………… 37

第二节　水草栽培 ……………………………………… 39

第三节　蟹苗选择 ……………………………………… 41

第四节　蟹苗放养 ……………………………………… 43

第五节　培育管理 ……………………………………… 45

第六节　幼蟹捕捞与运输 ……………………………… 50

第五章　河蟹成蟹绿色养殖 ………………………… 53

第一节　成蟹养殖池塘硬件设施 ……………………… 53

第二节　养殖水环境的营造 …………………………… 57

第三节　蟹种选择与放养 ……………………………… 62

第四节　成蟹养殖管理 ………………………………… 64

第五节　主要池塘成蟹养殖模式 ……………………… 70

第六章　河蟹病害防控 ……………………………… 78

第一节　发病原因 ……………………………………… 78

第二节　河蟹疾病种类及防治 ………………………… 80

第七章　河蟹捕捞、暂养 …………………………… 92

第一节　河蟹捕捞 ……………………………………… 92

第二节　商品蟹暂养 …………………………………… 94

第一章

河蟹生活史、生物学习性与品种资源

▶ 第一节 河蟹生活史

河蟹学名为中华绒螯蟹,俗称毛蟹、螃蟹、大闸蟹,隶属于甲壳纲方蟹科绒螯蟹属,是一种经济价值较高的食用蟹,原产于我国。河蟹的生命很短暂,一生只有一个生殖周期,繁殖结束后便会死亡。河蟹的寿命为1~3龄,通常为2龄。

河蟹是在淡水中生长育肥,在入海口浅海半咸水中繁殖后代。它原本生活在海洋里,在长期的自然选择进化中逐渐适应了淡水生活,而其繁殖的内在生理需求仍未改变。河蟹的生活史是指从河蟹的精子与卵子结合,形成受精卵开始,先后经历溞状幼体、大眼幼体、仔蟹、幼蟹、成蟹五个阶段,直至亲蟹交配、繁殖、衰老、死亡的整个生命过程(图1-1)。每年秋冬之交,成熟蜕壳后的河蟹便开始成群结队地向河口处迁徙。在迁移过程中,性腺逐步发育,受到咸淡水的刺激,性腺发育成熟,河蟹便开始交配、繁殖。

以长江水系河蟹为例介绍其生活史。每年12月至翌年1月底,性腺成熟的雌雄蟹亲体便在上海崇明岛附近浅海区交配、产卵。翌年2月,雌蟹抱卵后,经过3~4个月的时间,受精卵孵化出外形似水溞状的苗体,称为溞状幼体。在盐度为1.5%~3%的咸淡水海区,溞状幼体5次蜕皮后,成为大眼幼体,整个过程需30~40天。大眼幼体具有明显的趋光性和溯

1—黏附于抱卵蟹腹内刚毛上的受精卵;2—溞状幼体;3—大眼幼体;4—仔蟹(豆蟹);
5—蟹种(扣蟹);6-黄蟹;7-绿蟹;8-抱卵蟹。

图1-1　河蟹的生活史(徐兴川,1994)

水性,对淡水水流极为敏感。大眼幼体随潮水进入淡水江河口,蜕皮变
态为Ⅰ期仔蟹。仔蟹继续上溯进入江河,并逐步适应淡水生活。6月前
后,仔蟹完成3次蜕皮,成为幼蟹(蟹种)。蟹种经过5~6个月的生长,个
体显著增大,成为1龄蟹种,经3~4个月的越冬后即进入黄蟹阶段。河
蟹在生殖洄游前均为幼蟹,因其壳色偏黄,俗称"黄蟹",形态特征为性腺
较小,基本未发育,雄蟹螯足绒毛及步足刚毛较短而稀疏,雌蟹腹部尚未
长足,不能覆盖整个头胸甲腹面;从性腺来看,卵巢很小,发育时相尚属
Ⅰ期,精巢为幼稚型,肝脏重量远远大于性腺重量[肝脏与性腺重量之比
高达(20~30):1]。

　　黄蟹再经过5~6个月生长育肥,至当年8—9月,2秋龄的河蟹便先
后完成生命过程中的最后一次蜕皮,随即进入成蟹阶段。此时,河蟹背
甲通常呈青绿色,故称为"绿蟹"。绿蟹的个体外形不再增大,而性腺迅

速发育,重量明显增加,内脏器官和肌肉不断充实、肥厚、饱满。绿蟹壳色墨绿,雄蟹螯足绒毛稠密、粗长,雌蟹腹部完全覆盖住头胸甲腹面,腹部边缘的刚毛长而细密,性腺发育变化显著,卵巢迅速进入Ⅱ~Ⅲ期,精巢也有所增加,较黏稠,此时卵巢重量已接近肝脏。淡水成长的河蟹,性腺只能发育到Ⅳ期,只有依靠适当的盐度和水流刺激,性腺才能发育成熟。因此,海水是河蟹繁殖的必要条件。每年秋冬之交,性腺接近成熟的河蟹开始向浅海迁移,顺江而下,到河口浅海中交配产卵。此时,河蟹卵巢的重量已明显超过肝脏。

河蟹的生活史可以这样描述:河蟹顺河而下,发育成亲蟹,至河口浅海半咸水中交配产卵、繁育后代,受精卵发育成溞状幼体后,经多次蜕皮发育成为仔蟹、幼蟹后,溯江河而上,在淡水中继续生长育肥,直至性腺成熟,产卵死亡。周而复始,生生不息。不同时期的河蟹生活水域见图1-2。

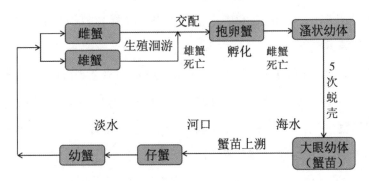

图1-2 河蟹不同发育阶段及其生活水域

第二节 生活习性

一 食性

河蟹为杂食性动物,食性较广,但偏好动物性饵料。常见的河蟹动

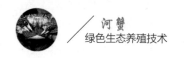
物性饵料有鱼、虾、螺、蚌等;植物性饵料包括玉米、豆饼、小麦、南瓜、红薯、轮叶黑藻、伊乐藻、金鱼藻、马来眼子菜、苦草、浮萍、水葫芦、水花生等。人工养殖情况下,提倡使用专用颗粒饲料。河蟹在25～28℃时摄食量最大,生长速度最快。临近性成熟时,不仅夜晚出来觅食,有时白天也出来觅食。河蟹吃饱后,除自身消耗外,其余的营养物质都储存在肝脏内形成蟹黄。河蟹非常耐饥,健壮的河蟹10天或更长时间不摄食也能存活。水温低于5℃时,河蟹代谢水平很低,摄食强度减弱或不摄食,在洞穴中蛰伏越冬。

二 栖息

自然条件下,河蟹通常栖居江河湖泊岸边水草丛生、饵料丰富、水质清新的地方。其栖息方式有隐居和穴居两种。在水位稳定、水面开阔、水质良好、水温适宜的水域里,河蟹一般营隐居生活,不打洞,隐伏在水草和水底淤泥中;在水位不稳定的水域里,河蟹会打洞穴居,营穴居生活。穴居常位于高低潮水位之间,其洞呈管状,与地平线呈10°左右的倾斜角度,洞的深处有少量积水,洞底一般不与外界相通。穴道长20～80厘米。大蟹一般一蟹一穴,有时在连通的蟹道里也有穴居几只蟹的。仔蟹和扣蟹一穴几只或数只。水温长时间处于32℃以上时,河蟹会在穴中蛰伏避暑。河蟹通常昼伏夜出,白天躲在水草丛中或隐蔽处,夜晚出来觅食。

三 好斗

争食和好斗是河蟹的天性,经常为争夺食物而互相格斗,在养殖密度大、饵料少时还会互相残杀,特别在蜕壳期,硬壳蟹会袭击软壳蟹。在交配产卵季节,几只雄蟹为了争一只雌蟹而格斗,直至最强的雄蟹夺得雌蟹为止。食物十分缺乏时,抱卵蟹常取其自身腹部的卵来充饥。为避免和减少格斗,在人工养殖时应采取多点、均匀投喂饵料,动物性和植物性饵料要科学搭配;保护刚蜕壳的软壳蟹,如增加作为隐蔽物的水草数量;投饵区应与蜕壳区分开等;蜕壳期间增加动物性饵料投喂,减少同类相残(河蟹偏爱动物性饲料),提高养殖成活率。

四）自切与再生

捕捉河蟹时,若只抓住1~2只步足,它能将步足挣扎脱落而逃生,处于生长期时很快在原处再生新足,但新足明显小于原来的步足,这就是自切和再生,是河蟹为适应自然环境而长期形成的一种保护性本能。河蟹在整个生命过程中均有自切现象,但再生现象只发生在生长蜕壳阶段。成熟蜕壳后,河蟹的再生功能基本消失。

▶ 第三节 繁殖习性

每年寒露至立冬期间,河蟹开始生殖洄游,集群游往河口浅海区。洄游的河蟹多数体重为100~200克,仅个别为50克左右。洄游期间,河蟹的性腺迅速发育。河蟹的产卵场在海水和淡水交汇的咸淡水区,交配产卵的季节为每年12月至翌年3月。河蟹的受精率一般很高,水温10℃左右时,交配后的雌蟹经几小时至十几小时产卵,卵一般呈绛紫色,黏附在雌蟹腹肢内侧的刚毛上孵化,此时的河蟹被称为抱卵蟹。河蟹的产卵量与其规格大小相关,大个体的产卵量近10万粒,小个体仅万粒左右。河蟹,包括抱卵蟹有多次交配的习性。河蟹受精卵的孵化期处于越冬期间,水温较低,胚胎发育缓慢。自然环境下,抱卵雌蟹长达4个月之久才能孵化出苗。而晚期产的卵孵化时间较短,这是由于水温渐高,胚胎发育快,1个多月便可孵化出苗。

一 生殖洄游

河蟹在淡水中生长育肥6~8个月，便结束淡水生长阶段，开始成群结队离开原栖居活动场所，向通海的河川汇集，沿江河顺流而下，不远千里，长途行至河口浅海半咸水处交配产卵。河蟹由淡水到近海河口进行繁殖的过程称为生殖洄游。河蟹的生殖洄游习性是自然选择长期遗传适应的结果。影响河蟹生殖洄游的因素有很多，其中性腺成熟是一个主要因素，其他外部因素如水温、流速、水体盐度变化等都能诱导河蟹向沿海江河口洄游。

民谚语："西风起，蟹脚痒；西风响，蟹下洋。"说的就是到了秋季，河蟹便要进行生殖洄游的生理现象。每年自寒露至冬至期间，河蟹性腺发育迅速，变化明显。河蟹性腺发育至一定程度，经过最后一次蜕壳成为绿蟹，便开始进行生殖洄游。每年9—11月份，在淡水中性腺接近成熟的河蟹都会顺流而下，到江河入海处交配产卵，一般在霜降前后达到峰值。在洄游过程中，盐度、水流、水位变化可促进性腺进一步成熟。立冬后，河蟹性腺发育完全成熟，此时河蟹交配，随即产卵。

二 交配产卵

我国每年12月至翌年3月上中旬是河蟹交配产卵的盛期。水温10℃以上，凡达性成熟的雌雄河蟹一同放入海水池中，即可发情交配。在河蟹洄游进程中，若水中的盐度适合河蟹繁殖需求（通常盐度为0.8%～1.5%）时，它们就终止洄游而集中此处，形成繁殖场所。虽然淡水中也偶见河蟹交配，但绝无产卵、抱卵现象。在水温8～14℃、盐度0.8%～2.5%的河口半咸水或人工配制的海水中，河蟹不久便可交配产卵。

排出的卵大部分先堆积于雌蟹腹部，并黏附在腹部腹肢的刚毛上，使得腹部弯曲成弧形。这种腹部携卵的雌蟹，称为怀卵蟹或抱卵蟹。雌蟹排卵后，腹部不停翕动，腹肢也时常摆动，使得黏附在刚毛上的卵受外力作用被拉长形成卵柄,黏附在刚毛上的卵就像很多长串葡萄。

抱卵蟹的怀卵量与其体重成正比。体重100~200克的雌蟹抱卵量为30万~70万粒(图1-3)。人工养殖越冬抱卵蟹孵出幼体后,不需要再交配,可继续第二次、第三次产卵,这种生理效应常被用于人工育苗的二次孵幼。但实践证明,二次抱卵蟹所孵幼体无论个体规格、体质强弱都不利于养殖生产,生产育苗中一般不采用二次抱卵蟹育苗。

图1-3　抱卵蟹

三　胚胎发育

胚胎发育始于卵裂,在显微镜下观察刚产出的受精卵,卵表面光滑清晰,原生质均匀。水温高于7℃时,受精卵便可正常发育。胚胎发育速度主要取决于水温,通过连续送气、充分供饵和经常换水的精心管理,逐渐对水体加温至15~20℃,受精卵的胚胎发育可在20天左右完成全过程,幼体即可孵化出膜。相反,如果让怀卵蟹长期处于低温(<10℃)条件下饲养,孵幼出膜可历时几个月。赵乃刚(1996)研究河蟹胚胎发育温度与水温的关系表明,平均水温为12.6℃时,完成胚胎发育约需54天;平均水温为16.6℃时,河蟹胚胎发育时间则缩短至28天(表1-1)。水温低时,

河蟹胚胎往往在原肠前期就处于停滞状态。因此，自然产卵环境下，雌蟹抱卵的时间可能长达3~4个月之久。在此期间，抱卵蟹血淋巴中的蜕皮酮水平始终极低，确保了后续孵化过程中，抱卵蟹不再蜕壳，进而能使子代得到延续。

表1-1　河蟹胚胎发育速度与水温的关系

平均水温/℃	12.6	14.3	15.3	16.6	17.7	21.7
孵化天数/天	54	43	34	28	24	17

（四）溞状幼体发育

刚从卵孵出的河蟹幼体，外形并不像成体，而略像水蚤，故称溞状幼体(图1-4)。溞状幼体分头胸部和腹部两部分。头胸部近似球形，具有1枚背刺、1枚额刺、2枚侧刺、1对复眼、2对触角、1对大颌、2对小颌和2对颌足。腹部狭长，共6~7节，尾节分叉。后期的溞状幼体第3颌足和5对胸足及腹肢也分期逐渐发育。溞状幼体各期形态上的主要区别(表1-2)是Ⅰ期至Ⅴ期溞状幼体，其颌足外肢末端的羽状刚毛数依次为4根、6根、8根、10根和12根，每变态1次增加2根刚毛；尾叉内侧缘的刚毛数依次

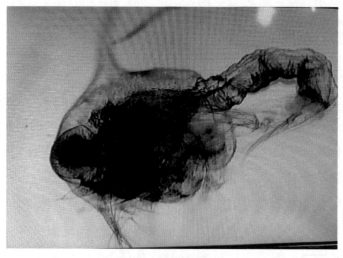

图1-4　河蟹溞状幼体

为3对、3对、4对、4对和5对。

表1-2　溞状幼体分期特征

幼体分期	第1、第2颌足外肢羽状刚毛数/根	尾叉内侧刚毛对数	腹肢
Ⅰ期	4	3	未出现
Ⅱ期	6	3	未出现
Ⅲ期	8	4	未出现
Ⅳ期	10	4	出现维芽
Ⅴ期	12	5	延长成双肢型

溞状幼体只能生活在一定盐度的海水中,依靠颌足外肢的划动和腹部的屈伸而运动,Ⅰ期、Ⅱ期幼体常浮于水的表层和水的边角,聚集成群,具有较强趋光性。转变成Ⅲ期后,幼体逐渐沉入底层生活,开始溯流游泳。溞状幼体不能离开水,离开水就会死亡。

溞状幼体的食性较杂,前期主要取食单细胞藻类、浮游动物、蛋黄、豆浆;后期则主要取食轮虫、丰年虫幼体及投喂的人工饵料。

（五）大眼幼体的发育

经5次蜕皮后,溞状幼体变成大眼幼体(图1-5)。大眼幼体在内部器官和外部形态上较溞状幼体都发生了很大变化。大眼幼体有发达的游泳肢,可快速游动;平衡囊的发育,能平衡身体直线定向游动。大眼幼体还有发达的大螯和步足,不仅可在水底爬行,还能攀附在水草茎叶上;最后一对步足末端的钩壮刚毛,常可钩挂于水草和水岸滩沙等处,而不会被水流冲走。大眼幼体已具有鳃和鳃腔,因此可短时离水生活,常附于水草、池壁上,不致像溞状幼体离水后即死亡。大眼幼体还已具备更强的调节体内渗透压的能力,适应淡水生活,故表现出明显的趋淡水性。河口水域成群的大眼幼体随海潮进入江河,形成蟹苗汛。

图1-5　河蟹大眼幼体

　　大眼幼体形态是介于溞状幼体和幼蟹之间的过渡阶段,其后的幼蟹阶段适宜在淡水浅滩环境生活,故大眼幼体表现出向浅水区活动的习性,自然条件下往往群集于江河、湖泊的岸边浅水区。据赵亮(2004)研究证实,大眼幼体适宜在0.5%～1.5%盐度的水体中生活,完全在淡水中培育会降低其变态成活率。考虑到仔蟹培育过程中早期成活率和仔蟹对淡水的适应能力两方面的因素,仔蟹培育的盐度也应控制在0.5%左右为宜。

　　大眼幼体食性较溞状幼体更广。它不仅可以滤食水中细小的浮游生物,也可捕食较大的浮游动物(如淡水枝角类)。因其有强大的捕食器——螯足,在游泳或静止时螯足可轻易地捕捉大于自身体积数倍的肉虫和其他食物。大眼幼体和溞状幼体一样都有捕食同类较弱个体的习性,而大眼幼体凶猛、敏捷、捕食能力强,更易捕捉到溞状幼体或较弱的大眼幼体为食。大眼幼体属杂食性,除喜爱动物性饵料外,也能取食水草和人工饵料等。大眼幼体较溞状幼体有更强的趋光性,除直射光外,都喜在水表面活动。晚上可以用灯光诱使其聚集。

第四节　河蟹品种资源与区域分布

河蟹在我国分布较广,且资源丰富,所有通海的河口几乎都有蟹苗和蟹种出产,主要分布在我国东部各海域沿岸及通海的河流、湖泊中,但以长江口的上海崇明岛到湖北省东部的长江流域及江苏、浙江、安徽和辽宁等省市为主产区。在国外,除朝鲜半岛黄海沿岸外,整个欧洲北部平原几乎均有分布。除欧洲外,近年来北美洲也发现了河蟹。

除长江水系河蟹外,我国还有瓯江水系、闽江水系、辽河水系、珠江水系和黄河水系的河蟹。按照水域水系划分,我国河蟹总体可分为南方种群和北方种群。

一　南方种群

南方种群以长江水系河蟹为代表,生长快、规格大,肉质鲜美、膏脂丰满。将它们转移到珠江水系,当年性成熟,个体小,俗称"珠江毛蟹"。

长江水系河蟹的自然分布自湖北省宜昌市的三峡口起至上海的长江口。这一水域范围内河流纵横,湖泊星罗棋布,水域水质良好,水温适中,水生植物繁茂,底栖生物资源丰富,成为长江水系河蟹优越的生长和肥育场所。长江水系河蟹经济性状优良、商品质量高,完全得益于这一特定的生态环境。长江中下游年平均水温为15~18℃,水温的绝对值夏季为31~35℃,冬季为0~4℃。河蟹的生长期从3月初至11月初,长达240天左右。这一区间的水温极适合河蟹的生长。据张烈士等(1972)对河蟹生态、生活史及蟹苗捕捞的研究表明,长江流域河蟹由黄蟹蜕壳为绿蟹集中在白露至秋分(9月7日至9月22日)时节。该阶段的群体,其性周期内卵巢发育处在第Ⅲ期,而第Ⅳ期卵巢出现在秋分至立冬阶段。河蟹生殖洄游期内,雌蟹生殖系数为3%~10%,雄蟹为1%~4%。汛期末河

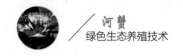

蟹生殖群体的性腺发育可达第Ⅳ期末,并于立冬后陆续抵达河口浅海的半咸水水域,它们在当年12月份至翌年3月份集中,通常在盐度为8‰~15‰的繁殖场交配抱卵。

另外,瓯江河蟹种群与长江河蟹有所不同。作为浙江省第二大河流,瓯江干流源头为闽浙交界的仙霞岭洞宫山,全长386.6千米。瓯江上游江面狭窄,河床比降大,底质为卵石和泥沙,江岸大多为山丘石壁和山坡梯田,并时有河谷盆地相间。瓯江水系沿途无较大湖泊,又无水草繁茂和底栖生物丰茂的栖息场所,因此河蟹的生长环境不及长江水系。瓯江水系年平均水温在18℃左右,比长江水系高出2~3℃。河蟹生长期从2月中旬至12月中旬长达10个月,比长江水系长30~60天。因年平均水温较高,河蟹的性成熟年龄早,表现为群体生殖洄游期长,可从当年10月份持续至翌年2月份。据周炳元等(1988)报道,瓯江水系自然繁殖的河蟹,其个体平均重70克,远低于长江水系。10—11月份瓯江水系河蟹种群的平均规格为91.6克,12月份至翌年3月份平均规格为53.6~60克。在采样站,前阶段的平均捕获量为137.9千克,后阶段的平均捕获量为164.5千克。由此分析可知,瓯江水系河蟹种群年龄结构以当龄(0+)和2龄(1+)蟹为主,前期主要为2龄(1+)群,后期主要为当龄(0+)群,而其繁殖群体结构中的个体数则以当龄蟹为主。瓯江水系平均水温高和群体中当龄群体比例高,导致瓯江水系河蟹生殖洄游的起始日期比长江水系迟,但汛期因大量当龄群体的加入而延长。

二 北方种群

北方种群以辽河水系的河蟹为代表,其抗逆性强,生长快,个体偏小。但将它们移植到长江水系,则生长慢,个体小,品质差。特别是辽河蟹转移到南方后,不但提前1个月开始生殖洄游,而且在生殖洄游时,其定位系统紊乱,不是顺水向东爬行,而是呈放射状爬行,因此回捕率极低,仅为5%~10%。

辽河源自内蒙古自治区黄岗梁和七老图山脉的南麓,全长1430千米。产蟹区在中下游。20世纪70年代辽河水系的捕苗地主要在辽河口的盘锦和营口一带。辽河水系的中上游缺少饵料丰富、生态条件优越的湖泊,故河蟹的商品质量远不能与长江水系的河蟹相比。辽河蟹因受我国北方地区夏秋短、冬春长的气候条件影响,其生殖洄游期早而短,主要集中在8月下旬至9月下旬(处暑至秋分时节)。生殖群体主要为2~3龄群(1+~2+),在湖泊、河流等养殖条件下,当龄群的比例为0%~5%,2龄群占50%~60%,3龄群(2+)占30%~40%。辽河水系河蟹在10月下旬入海越冬,主要的交配繁殖期在当年11月份至翌年4月份。受冬季严寒的影响,辽河水系河蟹越冬期长,一般5月底至6月初孵出溞状幼体,至7月上中旬才首次出现蟹苗汛期,比长江水系迟30天左右。辽河蟹苗汛期一般仅3~5天,与瓯江蟹苗汛期持续时间相似,比长江水系蟹苗汛期短,这与两水系蟹苗资源丰度不及长江水系有关。

不同水系的河蟹种群因其栖息环境及气候、水温不同,它们在苗发汛期的时间、个体生长速度、当龄蟹性成熟率、群体生长速度、种群生殖洄游季节、年龄结构及同一时空条件下生殖系数的变化等方面存在一定的差异。

不同水系河蟹的主要区别体现在成熟个体大小、外形和性成熟时间上。如辽河水系河蟹体色较深,甲壳隆起明显,步足较短,刚毛较多,它比长江水系河蟹提早1个月洄游。如果辽河水系河蟹南移至长江水系,会对长江水系河蟹品系的种质带来不可估量的影响。珠江水系的河蟹苗,背甲上中间两个疣状凸起近乎退化,步足的趾节刚毛短而少,体色较浅,性状介于中华绒螯蟹和日本绒螯蟹之间。珠江水系蟹苗当年冬季即可成熟,个体小,估计与积累水温较高有关。几种主要水系河蟹的主要特征见表1-3。

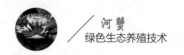
表1-3　长江、瓯江、辽河和闽江水系河蟹幼蟹的主要特征

项目	长江水系蟹种	瓯江水系蟹种	辽河水系蟹种	闽江水系蟹种
头胸甲形状	不规则椭圆形	近似方圆形	圆方形、体厚	偏方形
背甲凸起	明显	低平	后2个叶低平	低平
背甲颜色	青绿、淡绿	灰绿、黄绿	青黑、黄黑	灰绿、黄绿
腹部颜色	银白色	灰黄、灰白,有水锈	灰黄、灰白,有水锈	灰黄,有水锈
额齿及侧齿	额齿大而尖锐,凹陷深	小而钝,凹陷略平,不如长江蟹尖锐	大,似长江蟹,凹陷较平	小而钝
第四侧齿	第四侧齿尖锐、大	第四侧齿不明显	角状,略大	不明显
步足及刚毛	步足修长,刚毛稀短、色淡黄	步足刚毛细、短、少、黄	步足粗、长,刚毛粗壮浓密、红黄	步足刚毛短而多
第四步足趾节	尖窄而细长	短、扁、宽	短、扁	短、扁
生殖洄游期	9月底至11月	10月至11月	8月至10月	10月至翌年1月
第一步足长节齿	超过或接近第一前侧齿	低于第一前侧齿	低于或平于第一前侧齿	低于第一前侧齿
第四侧齿对径与第三步足长之比	1:20	1:(16~17)	1:18	1:(16~17)

▶ 第五节　河蟹新品种

我国现有的河蟹新品种为河蟹"长江1号"(江苏)、河蟹"长江2号"(江苏)、河蟹"诺亚1号"(江苏)、河蟹"江海21号"(上海)、河蟹"光合1号"(辽宁)、河蟹"金农1号"。河蟹新品种具有生长快、成活率高、抗逆性强的特点,但是目前良种覆盖率较低。

一 河蟹"长江1号"

河蟹新品种"长江1号"是由江苏省淡水水产研究所以体形特征标准、健康无病的长江水系原种中华绒螯蟹为基础群体,以生长速度为主要选育指标,历经10年、连续5代群体选育而成,是我国审定通过的第一个淡水蟹类新品种(品种登记号为G01-003-2011)。

"长江1号"形态特征显著,背甲宽大于背甲长,呈椭圆形,规格整齐,雌、雄体重变异系数均小于10%。生长速度快、养殖产量高,平均规格7.69克的蟹种经210天的养殖,平均规格可达170克以上的优质商品蟹,生长速度比普通河蟹提高16.70%。养殖成活率在70%以上,每亩水面平均产量在70千克以上,平均增产10%~15%;遗传性状稳定、群体规格整齐;群体内个体间体重变异较小,雌、雄体重变异系数分别为8.44%、8.65%。"长江1号"保持了长江水系河蟹固有的生长速度快、平均规格大、养殖成蟹群体整齐、养殖成活率高、发病率低的遗传特性,形成了优良的生物学品质。

二 河蟹"长江2号"

河蟹"长江2号"是江苏省淡水水产研究所以2003年从荷兰引回的莱茵河水系中华绒螯蟹雌蟹1 790只、雄蟹1 500只为基础群体,采用群体选育技术,以生长速度和个体规格为选育指标,历经10年、连续4代选育而成的新品种(品种登记号:GS-01-004-2013)。

河蟹"长江2号"头胸甲明显隆起,额缘有4个尖齿,齿间缺刻深,居中一个特别深,呈"U"或"V"形,侧缺刻深,头胸甲上与第3侧齿相连的点刺状凸起明显,第4侧齿明显,具有纯正长江水系中华绒螯蟹"青背、白肚、金爪、黄毛"的典型特征。在相同养殖条件下,与未经选育的长江水系中华绒螯蟹相比,中华绒螯蟹"长江2号"养成生长速度提高19.4%,平均个体规格增加18.5%;该品种成蟹养殖群体规格整齐,雌雄体重变异系

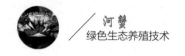

数均小于10%,遗传性状稳定。该品种适宜在我国长江中下游地区的池塘等可控水域养殖。

三 河蟹"诺亚1号"

2004年开始,由中国水产科学研究院淡水渔业研究中心与江苏诺亚方舟农业科技有限公司和常州市武进区水产技术推广站联合攻关,以2004年和2005年在长江干流江苏仪征段分别收集挑选的中华绒螯蟹野生亲蟹689只和567只为基础群体,以生长速度为目标性状,采用群体选育技术,奇数年和偶数年分别进行,经连续5代选育,选育出适宜江苏地区养殖的新品种河蟹"诺亚1号"。2016年通过全国水产原种和良种审定委员会的审定,获得国家水产新品种证书(品种登记号:GS-01-005-2016)。

河蟹"诺亚1号"主要特点为:①生长速度快。选育群体生长速度逐代提高,奇数年和偶数年F_5代群体生长速度分别比对照群体快19.86%和20.72%。②大规格率显著提高。在相同养殖条件下,"诺亚1号"成蟹,雄蟹200克/只以上的比例达56%以上、雌蟹150克/只以上的比例达41%以上,分别比未选育对照组高21%和18%。2016年至今,河蟹"诺亚1号"已推广至江苏、安徽、浙江等10多个地区,养殖户对其认可度较高。

四 河蟹"江海21号"

中华绒螯蟹"江海21号"水产新品种是由上海海洋大学牵头,联合上海市水产研究所、安徽明光永言水产(集团)有限公司、上海崇明县水产技术推广站、上海松江区水产技术推广站、上海宝岛蟹业有限公司、上海福岛水产养殖专业合作社等单位,按照配套系聚合育种的技术路线,先分别平行选育出生长速度快、步足长的A选育系和生长速度快、额齿尖的B选育系后,以A选育系为母本、B选育系为父本配套生产而成为水产新品种(品种登记号GS-02-003-2015)。

中华绒螯蟹"江海21号"较好地聚合了父、母本双方的典型性状,具有生长速度快、形态性状好、群体产量高等特点,其外额齿尖,内额齿间缺刻呈"V"字形,90%以上个体第二步足长节末端达到或超过第一侧齿;在相同养殖条件下,与普通中华绒螯蟹相比,16月龄蟹生长速度提高17.0%以上。目前,"江海21号"已在上海、江苏、安徽、山东、河南、湖北、湖南、四川、重庆、贵州、云南、江西、浙江等16个省(市、自治区)养殖。

(五) 河蟹"光合1号"

河蟹"光合1号"是由盘锦光合蟹业有限公司从2000年开始以辽河入海口3 000只野生中华绒螯蟹为基础群体(雌雄比例为2∶1),以体重、规格为主要选育指标,以外观形态为辅助选育指标,经连续6代群体选育而成(品种登记号GS-01-004-2011)。

该品种规格大,成活率高,选育群体的成蟹规格逐代提高,与辽河野生河蟹相比,成蟹平均体重提高25.98%,成活率提高48.59%。该品种适宜在我国东北、华北、西北及内蒙古地区淡水水体中养殖。

(六) 河蟹"金农1号"

河蟹"金农1号"是2023年发布的水产新品种,由南京农业大学联合江苏海普瑞饲料有限公司、江苏华海种业科技有限公司联合培育而成(品种登记号:GS-01-009-2023),是以长江江都至泰州段水域野生雄蟹和江苏高淳、金坛地区养殖雌蟹为基础群体,在全程投喂配合饲料的条件下,以体重为目标性状,采用群体选育技术,奇、偶年同步选育,经连续5代选育而来。在全程投喂配合饲料的相同养殖条件下,与其他河蟹品种相比,17月龄的"金农1号"体重提高12.41%,饲料转化率显著提升,更适应人工配合饲料,遗传稳定性高,生长优势明显,适宜在全国水温10~32℃人工可控的淡水水体中养殖。

第二章 河蟹产地环境要求

▶ 第一节　养　殖　选　址

河蟹养殖池塘应选择交通便利、水源条件较好、水质清新、周边无农药和工业污染、安静且不易发生洪涝的区域。按照国家对河蟹生态养殖现行实施的水质标准要求，严格控制水质条件，控制水深范围在0.8～1米，以水、电、路等配套设施完善的河蟹集中养殖区为宜，方便生产资料的调配。

▶ 第二节　蟹　池　建　设

一 蟹池建设

蟹池四周无遮挡物，在池埂设置1.5~2.0米的围栏网，形成养殖生产区域。池塘面积控制在1~30亩为宜，以2~15亩最佳，池塘规整，以长方形最佳。进水、排水口分开，均安装防逃网，呈对角设置，水源上游设置进水口，下游设置排水口，塘底进排水方向呈缓斜坡，保持排水口略低，高低落差不大于50厘米，坡比2∶1。

二 防逃设施

饵料匮乏、水质恶化、流水刺激和生殖洄游是河蟹逃逸的四大诱因，河蟹善于攀爬，随着个体的增大，其逃逸能力也随之增强，因此在河蟹养殖过程中要有针对性地做好各方面的防逃工作。池塘四周设置环沟，占比20%~30%，每个池塘塘埂四周0.3~0.5米处建防逃设施，防止河蟹外逃，也可防止两栖、爬行动物及克氏原螯虾等敌害生物爬入池内。养蟹防逃墙种类较多，其中常用的防逃设施有以下2种。

1.聚乙烯网片围栏

将市售10号聚乙烯网片裁剪至高60厘米左右，在裁剪的缝口上用聚乙烯线将塑料绳缝上，再在网绳上缝上宽30~40厘米的塑料布，然后在蟹池的四周挖深10~15厘米的沟，将制成的网片没有缝塑料绳的一边埋入沟中，再用土填并压好。这种防逃墙具有方法简便、成本低、轻便耐用、透风性能好、无风险性等特点。

2.钙塑板围栏

在池埂上用高60~80厘米的钙塑板埋入土中20厘米并压实，用钢条或木柱作桩，将钙塑板打孔并用细铁丝固定在桩上。此法具有质量轻、运输安装方便、造价低和防逃效果好等优点，可使用3~4年。此外，为防止青蛙、鸭子等敌害生物跳入蟹池，需用聚乙烯网片(4目/厘米)将池塘四周围起，网底部埋入土内10厘米，网高1米，形成防蛙网，与防逃墙间隔0.5~1.0米。每逢下大雨或暴雨前后要经常检查加固每个进出水口护栏和周边防逃设施，清除一切安全隐患。

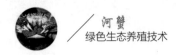
第三节　配套系统

一　微孔增氧

1. 工作原理

微孔增氧技术,采用罗茨鼓风机将空气送入输气管道,输气管道将空气送入微孔曝气管。由于其孔径小,可产生大量微细化气泡从管壁冒出分散到水中,而且上升速度缓慢,气泡在水中移动行程长,与水体接触充分,气液相间氧分子交换充分,而且还增加了水流的旋转和上下流动。水流的上下流动将上层富含氧气的水带入底层,同时水流的旋转流动将微孔管周围富含氧气的水向外扩散,实现养殖池水的均匀增氧。微孔增氧技术具有溶氧效率高、改善养殖水体生态环境、提高放养密度、增加养殖产量、节能环保、使用安全和操作方便等优点,目前,已被广大养蟹者普遍使用。主机常用功率有7.5千瓦、5.5千瓦、3.0千瓦、2.2千瓦、1.5千瓦。主机连接储气缓冲装置、储气缓冲装置连接主管、主管连接支管、支管(橡胶软管)连接曝气管。

2. 结构组成与安装方法

微孔增氧设备主要由机组(电动机、罗茨鼓风机)、主管(PVC管)、支管(橡胶软管)、曝气管(ZWK–10塑料合成的微孔结合材料)等组成。

主要安装方法有2种:一是盘式安装法。用4~6毫米直径钢筋弯成圆盘,将曝气管(10~20米)固定在圆盘上,组成曝气盘。每亩装3~4只曝气盘,配备功率为0.1~0.15千瓦。安装时曝气管底盘距池底10~15厘米。二是条式安装法。曝气管总长度60米左右,管间距10米左右,高低相差不超过10厘米,并固定在池底,距池底10~15厘米。通常情况下,3千瓦微孔增氧机组可满足10~15亩养殖池塘使用。微孔增氧设备的安装应于3月底前完成。

增氧机组应设置安装固定在远离塘口的位置,为河蟹蜕壳生长提供安静的环境。鼓风机的主机在设置时应注意通风、散热、遮阳及防淋。曝气管应尽量保持在同一水平面,以利供气增氧均衡。微孔增氧设备安装结束后,应经常开机使用,防止微孔堵塞。每年冬季捕捞结束后,应及时清洗。

二 尾水处理

1. "三池两坝"尾水净化系统构建

"三池两坝"尾水净化系统结构(图2-1),属于一种工程建设相对简单、运行维护成本较低、能源消耗相对较少的模式。利用地势差布设功能单元,排水渠道的养殖尾水可以在系统内自行流动,全程无须额外提供动力。养殖池塘需要补水时,用水泵将三级净化区中的洁净水抽提到蟹塘中。系统实现了养殖尾水的循环利用。该系统包含溢流坝和潜流坝,将水面划分成沉淀区、曝气区、生物净化区,经过曝气、除氮、生物吸附处理等环节,将蟹塘养殖尾水进行了多级异位处理,尾水通过循环利用实现零排放。

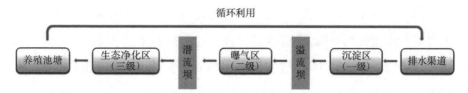

图2-1 "三池两坝"尾水净化系统

2. 净化区改造

净化区可选择沟渠或内部河道进行改造。先清除底部淤泥,保留10厘米左右;水深1.0~2.5米,净化区前段深后段浅,保水性能好,一端为进水端,另一端为排水端。净化区安装水泵,实现了全基地水体循环,四周采用草皮或聚乙烯网覆盖,防止坍塌及泥土流失。

3. 各功能区建设

(1)一级净化区(沉淀池)。位于净化系统的起始端,面积占整个净化区约40%,池深2.5米左右,使用非透水PVC材质帆布,打造"Z"字形导流通道。池两边种植凤眼莲、美人蕉等水生植物,局部设置浮床,种植水生植物,覆盖面积为水面的30%~50%。一级净化区投放鲢、鳙等鱼类,适量投放螺蛳等滤食性底栖生物。

(2)溢流坝。溢流坝位于一、二级净化区之间,为复合型墙体,长20米、宽5米,下半段由泥土堆砌而成,上半段用钢筋混凝土打造成"凹"形缺口,坝内放置宽2米左右的陶粒箱,其上端与沉淀池水位基本齐平。

(3)二级净化区(曝气池)。位于整个净化系统的中段,面积占整个净化区约20%,区内均匀安装3组喷泉式曝气装置,每组功率为0.75千瓦;另外安装一组微孔增氧设备,功率为2千瓦。其四周种植芦苇、蒲草等水生植物,每亩再设置1组浮床,种植水花生、狐尾藻等水生植物。

(4)潜流坝。潜流坝位于二、三级净化区之间,建设方式与溢流坝类似,由混合材料构成,其缺口与溢流坝的缺口成斜对角分布。"凹"形缺口两侧用空心砖堆砌成3米宽的双层内空结构,其内填充鹅卵石、砾石、陶粒等吸附材料,顶部高出常态水位50厘米左右。

(5)三级净化区(生物净化区或蓄水池)。位于净化系统的末段,面积占整个净化区约40%,经前端多个环节处理后的水进入本区域,相当于蓄水池功能。周边立体种植多种水生植物,与二级净化区植物类似,同时每亩设置1组浮床。区内悬挂条状梨形环棱螺笼式繁育装置200组,每组放养梨形环棱螺2千克左右。繁育的梨形环棱螺可以作为河蟹的天然鲜活饵料,降低养殖成本。

4. 净化区水质及水生植物管理技术

每月使用1~2次EM菌、光合细菌等复合微生物制剂或底质改良剂,定期使用生石灰调节pH。二级净化区中的曝气设施定期开启,增加水体溶氧量的同时也可起到除氮的作用。根据水位、水质变化决定系统补水、循环时间及循环周期。浮床水生植物过于茂盛时适当割除,长势过于稀疏时及时补种。冬季到来前,枯死、腐败的水生植物及时清除,能够自然越冬的植物割除草头,无法自然越冬的植物及时打捞,于翌年春季再次补种。

第三章 河蟹繁育

第一节 亲蟹准备

一 亲蟹选择

在河蟹的养殖生产中,通常将达到性成熟且具有繁殖后代能力的河蟹称为亲蟹,亲蟹既包括雌蟹,也包括雄蟹。

选择亲蟹时间一般在立冬前后,此时河蟹的头胸甲和步足已坚硬,加之水温降至8~12℃,运输成活率高,且此时河蟹的生殖细胞已接近生长成熟,多数处在第Ⅴ期中后期的发育时期,卵巢的重量已超过肝脏,成熟系数一般达到10%以上。

根据生产的需求,选择性腺成熟、蟹体健壮、肢体齐全、体表干净、肢壳坚硬、爬行活跃、肥度好、规格整齐、反应灵敏的蟹作为亲蟹,对于那些附肢缺少或患病的河蟹不能作为亲蟹(图3-1)。

自2018年以来,利用特大规格河蟹亲本(雌蟹250克/只、雄蟹350克/只以上)进行规模化繁育成了行业内主导方向。而河蟹亲本规格越大,若体内营养积累不足或性腺发育不良,越容易导致抱卵数量较少、质量偏差。营养供给不足易导致胚胎先天发育不良,繁育种苗质量下降。生产实践表明,河蟹亲本规格合理区间为:雌蟹150~250克/只、雄蟹200~350克/只。

图 3-1　挑选种蟹

二 亲蟹暂养

为了保证亲蟹的繁殖率,减少它们的损伤,对于已经选择好的亲蟹最好在当天运至育苗场。如果不能当天运走或亲蟹数量不足时,则需就地进行暂养。

目前亲蟹暂养的方法有室外暂养和室内暂养2种。

1. 室外暂养

又称为"笼养",就是选用竹片或木条,按要求制成一定规格的笼子,每笼放25~30只亲蟹。为了防止亲蟹过早流产,必须将雌、雄亲蟹分开暂养。将装好亲蟹的笼子悬吊在水质清新的外河或经常换水的池塘中,暂养笼在吊挂时,底部必须距池底50厘米以上,同时做好定期检查、投喂饵料、预防敌害等工作,确保亲蟹的成活率。这种方法可用于较长时间的暂养。

2. 室内暂养

将装满亲蟹的竹笼(或木桶)放在室内,每天喷水2~3次,使亲蟹的鳃腔保持潮湿。此法虽然比较简便,但仅可存放2~3天,只适宜短期暂养采用。

三 亲蟹运输

由于河蟹性成熟前都是在淡水中生长发育的,而河蟹的繁殖是需要咸水的,因此亲蟹一般都需要长途运输。

1. 做好运输前的准备

做好运输前的准备,根据运输亲蟹的数量、规格和运输里程等情况,确定装运时间、装运密度、到达时间。另外,人力安排、运输工具、消毒药物、水草、蒲包、竹笼等都要按计划提前准备好,做到快装、快运。

2. 做好运输中的管理

根据路途远近和运输量大小,组织和安排具有一定管理技术的运输管理人员,做好起运和装卸的衔接工作,以及途中的管理工作,尽量缩短运输时间。在装运前囤养1~2天让蟹排净粪便。亲蟹运输前,应先在竹笼内垫些水草或蒲包,将亲蟹平整地放在水草或蒲包中,放满后将其扎紧固定,以防亲蟹爬动。装运时操作要轻柔、敏捷,尽量减少对蟹的刺激,力求避免损伤亲蟹,尤其是亲蟹的附肢不能断损。装运前将装满亲蟹的竹笼放在清水中浸泡数分钟,然后将亲蟹笼装入汽车或轮船上起运,运输途中既要防止风吹日晒,又要防止通气不良、高温闷热,因此尽量选择早、晚或凉爽的天气运输。如果运输距离较远,途中还应定时洒水,使亲蟹始终保持在潮湿、通气良好的环境中,以提高亲蟹运输的成活率。

亲蟹运到目的地后,拆箱开包,剔去途中受伤、死亡的蟹,记数、登记后放入培育池。

▶ 第二节 亲蟹繁殖

一 亲蟹培育

运输到繁育场的亲蟹要经过越冬饲养后方能用于繁殖,通常有笼养、室内水泥池饲养和室外露天池饲养等方式,以室外露天池饲养为主。

1. 越冬池的选择

室外露天池一般都是土池,越冬池应选择建在背风向阳、靠近水源、环境相对安静的地方,以东西走向、长方形或正方形、面积1~3亩的土池为宜,水深1.5米以上,土质以泥沙土或黏土为好。亲蟹入池前要做好清池工作,彻底清除池底淤泥,并对池底进行翻耕、晾晒10天以上。消毒一般采用生石灰(75~100千克/亩)或漂白粉(7~8千克/亩)全池泼洒,7天后注水,老池还要清除池底的淤泥,建好防逃设施。

2. 防逃设施

亲蟹池面积一般在1 000~2 000平方米。水深1~1.5米,堤坡比1:(2~3),堤宽2~3米。亲蟹池的防逃墙高50厘米,可用网围、塑料板、瓦楞板、铝皮、塑料薄膜等围拦,也可用砖砌墙,顶部出檐以增强防逃效果。

3. 亲蟹的暂养

亲蟹放养时要将雌、雄亲蟹分开,用淡水饲养,每亩放养亲蟹200~400千克。

4. 亲蟹投喂

亲蟹培育期间,每日投喂新鲜饵料、配合饵料、谷类饵料等,培育期的水温为4~14℃,日投饵量干重为河蟹体重的0.5%~1.0%,如改为鲜活饵料就要乘上和干料之间的系数比。一般谷类饵料与配合饵料相当,如山芋、马铃薯与干饲料的系数比为6:1,杂鱼类与干饲料的系数比为4:1,螺

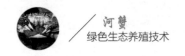

蚬类与干饲料的系数比为12:1,蔬菜和陆生草与干饲料的系数比为30:1,水草与干饲料的系数比为60:1。亲蟹培育期间合理投饵十分重要。投饵科学合理不仅可以提高亲蟹的存活率,还可以增强亲蟹的体质,促进其性腺的进一步发育和提高性成熟度,提高交配后的抱卵率和孵化率。如水温在6~8℃时,可以将投饵率减至0.3%~0.5%,并且只需每隔2~3天投饵1次。水温达6℃以下可以停喂。

5. 水质调控

抱卵亲蟹越冬期间,要保持水环境的相对稳定,其主要水质指标每隔15天监测1次,盐度保持在14‰~18‰,溶氧量保持在5毫克/升以上,pH以7.5~8.5为宜。冬天,如亲蟹池水温在8℃以下,最好逐渐添加新水使水深增加至1.5米左右,以利亲蟹的安全越冬。如水温继续下降,池面结冰,应每天敲碎冰层,防止亲蟹因缺氧而窒息死亡。

6. 日常管理

每天早、晚各巡塘1次,观察亲蟹的活动情况、摄食情况及水色变化等,检查防逃设施是否破损,每隔15天要定期镜检抱卵亲蟹的受精卵发育情况,及时采取和调整管理措施,以保证抱卵亲蟹顺利越冬。

二 亲蟹交配产卵

1. 亲蟹交配

每年的12月至翌年3月中旬是河蟹交配产卵的盛期,河蟹的交配产卵池面积以1~2亩为宜,池底以沙质和泥质底池子为好。在水温8℃以上,选择晴朗的天气,将培育好的亲蟹按雌雄比(2~3):1的比例放入交配池,亲蟹受到半咸水刺激,会很快发情并进行交配。

一般在水温为9~12℃、海水盐度为14‰~18‰时,河蟹能很快自然交配,经过7~16小时顺利产卵。

2. 亲蟹抱卵

雌蟹交配后经1天至数天就能在半咸水中排卵,交配后10~15天,绝大多数的雌蟹已抱卵。此时就可将雄蟹从池中剔除,否则雄蟹会不断求偶交配,影响抱卵蟹胚胎的正常发育。剔除雄蟹后可将抱卵蟹移入孵化池或让其留在原池进行孵育。一只体重100克的雌蟹抱卵20万~25万粒,而一只250克重的雌蟹可抱卵近百万粒(图3-2)。河蟹有多次抱卵的现象,特别是体质强壮的雌蟹。抱卵时卵巢中的卵母细胞仍在快速发育,待第一次孵出幼体,经1天或数天后便能第二次抱卵,甚至能连续3次抱卵。但能这样多次抱卵的蟹较少,而且抱卵量一次比一次减少,在生产上第二次、第三次抱卵已无多大价值。

图3-2 亲蟹抱卵

(三) 抱卵蟹培育

抱卵蟹是指交配产卵后抱卵的雌性河蟹。雌蟹的腹脐(腹部)内侧有4对双肢型附肢,叫腹肢,腹肢中的内肢是雌蟹用来产卵时附着卵粒的地方。即河蟹交配受精后产出的卵先堆集于雌蟹腹部,然后再黏附于内肢的刚毛上孵育。这种附肢附着受精卵的雌蟹,因形似抱着卵一样,而

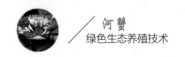
称之为抱卵蟹,抱卵蟹的饲养过程也是胚胎发育、幼体孵化的过程。

1. 水质管理

3月份后,气温、水温逐渐升高,再加上抱卵蟹的食量大,排泄物多,池水容易恶化。因此,要加强水质管理,保持水质清、新、活、爽。换水时还要注意保持池水水温和盐度相对稳定,溶氧要维持在5毫克/升以上,防止水色过浓。

2. 投饲和管理

饲料应选质量好的煮熟谷物、鲜鱼虾、螺蚬肉等。日投饲量干重为池蟹总重的1%~2%,应按食物种类折算成干饲料的量。动、植物性饲料应混合或交替投喂。日投1次,傍晚投喂。次日须检查残饵情况,再根据摄食情况适当增减投饲量。其他日常管理基本上与亲蟹饲养相同,如防逃、防冻、防止缺氧、清除老鼠及其他敌害生物等。

3. 检查胚胎发育

在抱卵后约1个月,可在夜间用地笼捕捉几只抱卵蟹,检查胚胎发育情况。如胚胎尚处在卵裂期或原肠期,则表明出膜尚早。如已是中轴器官形成期的眼点后期,便应多取样,并且要天天或每隔1~2天捕蟹检查。当发现胚胎心跳次数达到每分钟130次左右时,即可干塘将抱卵蟹捕出挂笼。

▶ 第三节　排 幼 育 幼

一 清池消毒

溞状幼体培育前期半个月,必须对培育池加以清整消毒,杀灭敌害生物,清除塘底污泥,洗刷池壁及维修进、排水管道等,以保证培育工作的顺利进行。清池的药物有生石灰、漂白粉和高锰酸钾等。培育池清整

消毒后注水时,一定要预先经过沉淀和严密过滤,否则,清塘消毒措施会前功尽弃。另外,抱卵蟹放入培育池进行孵幼前,要用药物浸泡消毒以杀灭附生于蟹体的聚缩虫等。

二 挂笼排幼

待池内浮游生物增多时,即池水呈淡茶色,透明度达20~30厘米,也就是施肥后的5~8天(具体看天气、水温),再把蟹卵已出现眼点和心脏跳动160次/分以上的抱卵蟹放进育苗池内笼中排幼(图3-3)。按计划密度、抱卵蟹抱卵量和天然条件下的孵化率计算每亩所需的抱卵蟹,挂在笼内孵化,孵化完就把抱卵蟹处理掉或留下饲养待用,放养密度为30~40只/亩。

图3-3 挂笼排幼

三 水质管理

1. 育苗海水沉淀过滤

从海里抽提的海水,如含泥沙量大,必须先行沉淀24小时,然后用20目、80目、160目三层筛绢过滤。

2. 育苗池的消毒处理

育苗池虽经消毒,海水虽经过滤,但海水里仍有各种浮游生物,如六肢幼体卵囊等,对河蟹幼体危害较大,因此,仍需消毒(图3-4)。如在抱卵蟹挂笼孵化前10天用100毫克/升漂白粉溶液消毒,如水过肥,可施光合细菌或二氧化氯等制剂来控制。水体最低溶解氧量应保持在3毫克/升以上。河蟹产卵和育苗的盐度为7‰~33‰,pH为7.8~9.0。

图3-4 育苗池的消毒

(四)投饵方法

1. 施肥育饵

在河蟹幼体培育过程中,采用"先肥后清"的育苗效果较好。在河蟹幼体孵出前4~5天,在育苗池注入经过严密过滤的海水,施发酵生物肥,同时接种事先培养好的单细胞藻液于池中。当幼体孵出时,即可摄食到水体中已繁殖到一定数量的单细胞藻类。如遇阴雨天气,藻类繁殖不佳,可用熟豆浆1千克/亩泼洒肥水,此阶段为"先肥"。等溞状幼体进入第Ⅱ期时,即停止施肥,开始交换池水,一般每天交换1/5~1/4,保持池水清新,同时投喂盐水丰年虫无节幼体。由于经常交换池水,不再施肥,使

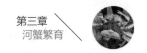

池水逐渐变清,此阶段为"后清"。

2. 投喂卤虫无节幼体或轮虫

第Ⅰ期溞状幼体孵化出前2天,在培育池中,先一次投放适量卤虫卵,使卤虫无节幼体与河蟹溞状幼体同期大量孵出,供后者摄食。河蟹溞状幼体放养密度为5万只/立方米时,首批卤虫卵投放量为每亩1.5千克左右。在第Ⅴ期溞状幼体至大眼幼体的后期阶段,逐日投足卤虫无节幼体和专池培育大个体卤虫,使饵料密度为河蟹幼体的3~10倍,以保证幼体摄食到充足的饵料。

(五) 病害防治

在江苏沿海地区有弧菌、丝状菌、链壶菌、菱形海发藻、聚缩虫、华镖蚤、水蜈蚣、摇蚊幼血、弹涂鱼等病虫敌害。一旦发现,应按技术要求进行防治,尽量少用或不用各类化学药物,适当采用微生态制剂和物理的方法,以防药残危害幼体。

▶ 第四节　蟹苗淡化

河蟹大眼幼体淡化作为河蟹育苗的最后关键环节,直接关系育苗生产全局。实践证明,利用育苗土池进行原池适应性淡化(图3-5)是完善淡化技术、提高淡化效果行之有效的重要措施,可显著提高蟹苗质量与后续仔蟹培育成活率。目前,蟹苗淡化主要采用原位淡化。

淡化通常在第Ⅴ期溞状幼体基本变态为大眼幼体后开始进行淡化处理。所谓淡化处理是指向育苗池内逐步加入淡水,降低池水盐度,使蟹苗逐步适应淡水环境,为蟹苗放养创造条件。

原位淡化技术即当溞状幼体变态为大眼幼体时(图3-6),育苗池大眼幼体变齐3天后及时注入淡水(或进行灯光诱苗运到水泥池或小土池

进行淡化)。淡化时必须开增氧机,每天换入淡水2~3次,使池水的盐度每日降幅在1%~4%。4~7天后,池内盐度降到5%以内。

图3-5　土池淡化

图3-6　淡化的大眼幼体

出苗时间一般在大眼幼体进入第6天并淡化4天以上,以保证蟹苗的成活率。为了保证长途运输放养成活率,可以在淡化7天后出池。捕苗方法一般是用灯光诱捕(图3-7),即在电灯悬于水面上0.5米高处,再

用抄网不停抄捞,直至池内蟹苗基本被捕完为止。

图 3-7　灯光诱捕

第四章 河蟹仔幼蟹培育

河蟹养殖生产过程中,把大眼幼体培育到蜕壳三次形成Ⅲ期仔蟹的过程称为仔蟹培育;将仔蟹饲养到年底或者翌年春天,培育成1龄幼蟹的过程称为幼蟹培育(图4-1)。河蟹仔蟹成长为幼蟹的过程中,发生了四个方面的转变:一是体内盐度的转变,由咸淡水习性转变为淡水习性;二是形态特征的转变,由具有尾肢的龙虾形转变为蟹形;三是食性的转变,由以食浮游动物为主转变为以食植物性饵料为主;四是生活习性的转变,由近似浮游习性转变为爬行习性。

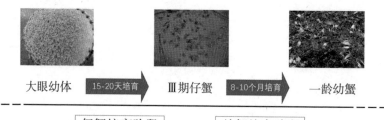

大眼幼体 ——15-20天培育——→ Ⅲ期仔蟹 ——8-10个月培育——→ 一龄幼蟹

仔蟹培育阶段　　　　幼蟹培育阶段

图4-1　仔幼蟹培育

由于运动能力差、环境适应性弱、寻觅饵料和逃避敌害能力差等因素,仔幼蟹阶段是河蟹生命周期中的薄弱环节。如果直接投入成蟹池、湖泊等大水体养殖,蟹苗成活率低,资源浪费严重。因此,将河蟹大眼幼体在小水体中精细化管理培育成仔蟹,进而育成1龄幼蟹后,再投入大水体进行成蟹养殖,可大幅提高蟹苗养殖成活率。随着河蟹产业的发展,仔幼蟹培育逐渐形成独立产业,并具有鲜明的地域特色。

▶ 第一节　池塘准备

一　池塘选择

　　池塘条件是仔幼蟹培育成功与否的关键因素。培育池塘应遵循"三通、二防、一平"的原则进行选址和建造。"三通"指的是培育池应选择在通水（水源充足）、通电（供电稳定）、通路（交通便利）等条件具备的地方建造；"二防"指的是培育池应具备防止野杂敌害影响、防止仔幼蟹逃逸等设施；"一平"指的是培育池整体平坦。池塘面积1~2亩，土质以壤土为宜，保水性能良好。

二　池塘改造

　　对于首次进行仔幼蟹培育的池塘，需要进行工程改造和设备布设，具体为：

1. 工程改造

　　标准化的仔幼蟹培育土池塘通常为长方形，由环沟和平滩两部分组成（图4–2）。环沟面积占培育池面积的30%~35%，沟内可保持水深为1.2~1.5米，沟底由进水口向出水口倾斜，便于进排水。平滩土面平整，可保持水深在0.5~0.8米，池塘坡比以（2~2.5）:1为宜。

2. 设施布设

　　按照高进低排的格局，采用PVC管在培育池高位处设置进水口，低位处设置出水口，进、出水口采用双层密网封牢，避免野杂鱼进入和幼蟹逃逸。采用硬质塑板（或尼龙网片等）将池塘四周围起，高度不低于40厘米，防止青蛙、小龙虾等敌害生物爬入培育池。沿塘埂3~5米设置立柱，布设防鸟网。采用聚乙烯网片和光面防逃膜覆盖塘埂护坡，防止仔幼蟹

逃逸(图4-3)。环沟深水处布设叶轮式增氧机,也可在塘底布设微孔增
氧设备。

图4-2 幼蟹培育池布局

（a）   （b）

图4-3 幼蟹培育池设施布置

3.池塘清整

培育前的池塘清整消毒至关重要,可起到杀灭敌害、病菌,消除养殖
隐患,为仔幼蟹培育营造健康环境。常用的池塘清整消毒药物有生石
灰、漂白粉、茶粕等。

生石灰清塘具有材料来源广泛、价格低廉、清杀效果好、安全性高等
优点,是目前用于清塘消毒最为有效的方法。对于易于排水的池塘,在
大眼幼体放养前20~30天,将池水排出至10~20厘米。生石灰化水趁热

均匀泼洒,用量为亩均40~80千克(根据淤泥厚度增减)。翌日,可将池底淤泥翻动,使石灰浆与底泥充分融合。排干池水,经5~7天晒塘后,注入新水使用。对于不易排水的池塘,可保持池塘水深50厘米左右,将生石灰化水泼洒,亩均用量为150~200千克(根据池塘水深增减)。待试水无毒后,可投入使用。生石灰的强氧化作用和强碱性,可有效杀死底泥中的泥鳅、黄鳝、病原菌等敌害,改善水体水质,加速释放底泥肥力,减少培育过程中蟹苗疾病的发生。

使用漂白粉清塘时,将漂白粉化水全池均匀泼洒,池水保持在0.2~0.4米,亩均用量为10~15千克。漂白粉清塘消毒5~7天后,换入新水使用。

使用茶粕清塘时,先将茶粕敲成小碎块,放入温水中浸泡一昼夜后,加水稀释,全池均匀泼洒,池塘水深1米时,亩均用量25千克。清杀10天后,待毒性消失,换入新水使用。

4. 施肥培水

蟹苗放养前4~5天,需增加水体肥力,培育良好藻相。肥水培藻一方面可以为刚下塘的蟹苗提供优质的天然饵料,另一方面也可吸收水体环境中的有害物质,释放氧气,起到净水增氧的效果。早春施肥的最大难题是气温较低,光照不强,勤施追肥是培育优良水色和藻相的关键。采用肥水培藻产品进行施肥,首次施肥按照产品说明施足基肥。首次施肥后,遵循少量多次的原则,每隔3~7天追施一次肥,保证藻类生长所需养分。

▶ 第二节　水草栽培

"要想养好蟹,应先种好草",水草栽培成功与否很大程度上决定了幼蟹的成活率和产量。水草为仔幼蟹提供了天然的植物性饵料,也为其提供了遮阳、栖息、蜕壳、避敌的场所。此外,长势良好的水草还有增加溶氧、调节 pH、调节水温和改善水质的作用。因此,水草栽培是仔幼蟹培育过程中重要的环节之一。

一 水草选择

仔幼蟹培育中常选择水花生、浮萍、轮叶黑藻等水草品种搭配种植,以满足河蟹生长需求。水花生、浮萍等覆盖于水体中上层,覆盖率为池塘水面的50%,可减少阳光对培育池的直射,降低池塘水温,从而降低仔幼蟹生长的有效积温,降低早熟蟹比例。在环沟种植轮叶黑藻等沉水植物,为立体利用池内空间提供条件。

二 水草栽培

水花生适应能力强、生长旺盛,可选择移栽法栽培。在移栽时,将水花生平铺于池塘四周和平滩处,呈条状分布(图4-4)。

图4-4 水花生栽植

轮叶黑藻生长期长、适应性好,可在5—8月气温适宜时进行移栽。将轮叶黑藻茎切成20厘米左右的小段,均匀插入环沟泥中,株行距为20厘米×30厘米。

浮萍分布广泛,生长于池塘、稻田、湖泊中,可根据需要随时捞取。

投入培育池时,可采取漂浮框、拦网等措施稍加控制,避免生长过快,覆盖整个池塘造成水体缺氧。

▶ 第三节 蟹苗选择

河蟹受精卵出膜后,溞状幼体经过蜕皮、变态,成为大眼幼体,也就是通常所谓的蟹苗。大眼幼体经过5~7天的培育和逐步淡化处理,生长盐度降至2‰~4‰,即可进入仔幼蟹培育阶段。选择具有发育良好、大小均匀、苗体健壮等特征的优质蟹苗是仔幼蟹成功培育的开始。养殖户可从以下几个方面鉴别蟹苗质量:

一 跟踪繁殖

购买人工繁殖的蟹苗时,养殖户可实地勘探繁殖场的培育条件,跟踪蟹苗的繁殖过程,了解雌雄亲本蟹的规格大小、发育情况,以及蟹苗的培育密度、日常投喂、淡化处理等情况(图4-5)。通常情况,繁殖场管理规范、培育条件良好,河蟹繁殖亲本活力好、规格大、发育成熟,蟹苗经过

图4-5 查看亲本蟹规格、排幼

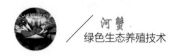

多次淡化处理、盐度降至2‰~4‰,均匀度达到80%~90%,可放心购买。

二 观察判断

除了跟踪繁殖,了解繁殖信息外,养殖户也可通过直接观察蟹苗的体色、群体规格、活动能力等特征,判断蟹苗的质量。优质蟹苗规格大小整齐,体色深浅一致,呈姜黄色,晶莹透亮;蟹苗沥干水后,轻抓一把放在手中,手心有沙粒感,放回水中不结团,蟹苗能够迅速散开(图4-6)。

图4-6　蟹苗感官判别

三 称重计数

此外,可通过对单位重量的蟹苗逐只计数,通过规格大小判断其优劣。具体方法为称取1~2克蟹苗计数,折算为每千克蟹苗只数。一般而言,规格达到12~16万只/千克为优质蟹苗,超过18万只/千克,蟹苗太嫩,培育时间不够,不能出池。

第四节　蟹苗放养

一 蟹苗运输

蟹苗出池后,采用蟹苗箱干法运输。特制的蟹苗运输框长60厘米、宽40厘米、高20厘米,箱长边两侧各开条形气窗,气窗设有聚乙烯网,防止蟹苗逃逸(图4-7)。

图4-7　蟹苗运输专用框

蟹苗运输过程中,温度、湿度和溶氧是影响成活率的关键,需要注意以下事项:

(1)蟹苗装箱需控制好密度,如果运输在24小时以内,每箱可装1千克左右;如果运输在24小时以上,需根据运输条件、天气情况,适当减少装箱量。

(2)运输前,需将蟹苗箱浸泡过夜。装箱时,在箱底铺一层水花生嫩枝,增加箱内湿度,提高箱内空间利用率。

(3)蟹苗适宜在气温15~18℃时运输,运输过程中避免阳光直射运输箱,以免箱内温度过高、水分流失。运输时间宜在24小时内,最好不要超过40小时。

(4)运输时,需保证箱内供氧充足,除保持避光通气的运输环境外,还须避免蟹苗四肢黏附过多的水分,导致蟹苗支撑力减弱,缺氧窒息。

二 蟹苗放养

1. 放养准备

蟹苗放养前,提前检测池塘清杂余毒和水质条件,了解培育池是否具备放苗条件。一般而言,放苗适宜水温为16~20℃,pH在7.5~8.0,水体氨氮、硝酸盐等均不超标。放苗前一天,投放少量蟹苗或鱼苗、幼虾等,用于检测池塘清杂后生石灰毒性是否消失,12小时后如果试水的鱼虾仍存活,说明水体无毒。蟹苗入池前1小时需开启增氧设备,并全塘泼洒维生素C等抗应激制剂。

2. 放养密度

一般而言,蟹苗放养密度为1.5千克/亩,可根据塘口水草、增氧等条件适当增减,但最多不宜超过2.5千克/亩。

3. 放养方法

放养前,需要通过试水减少蟹苗下塘后的应激,提高培育成活率。具体做法为,蟹苗运输到塘口后,将运输箱放在池塘上风处,用池水每隔5分钟喷淋一次。重复喷淋2~3次后,将蟹苗箱整个浸入水中停2秒,迅速提起,过程重复2~3次。待蟹苗逐步适应池水温度后,将蟹苗箱倾斜浸入池中,任蟹苗自行游入池中。

▶ 第 五 节　培 育 管 理

一　投饲管理

根据不同阶段蟹种的生长需求,遵循"两头精、中间粗"的营养配比规则,将饲养阶段分为精料阶段、控制阶段、促长阶段,饲料以河蟹专用配合饲料为主,不同阶段的饲料选择和投饲策略如下:

1. 精料阶段

5月上旬大眼幼体投放后至6月上旬,此时大眼幼体刚投放,需增加营养、强化培育,提高下塘成活率。蟹苗下塘后,根据池塘育肥情况可暂不投喂,蟹苗主要以浮游生物等小型天然饵料为食。2~3天后池水逐渐变清,浮游生物量不足以满足蟹苗进食需求后,可投喂蛋白含量为40%的破碎料。日投喂量为苗种总重量的8%~10%。

2. 控制阶段

6月中下旬至9月上旬,此时池塘水温较高,需由精饲料逐渐过渡到低蛋白饲料,以防止蟹苗营养过剩、性腺早熟。随着气温的升高,饲料蛋白含量应逐渐降低,6月中下旬至7月上旬可投喂蛋白含量为36%的配合饲料,7月中下旬至9月上旬投喂蛋白含量为32%的配合饲料(图4-8)。日投喂量为苗种总重量的5%~8%。

3. 促长阶段

9月中下旬至12月上旬,此阶段是河蟹生长发育、育肥过冬的关键,需逐渐提高饲料蛋白含量,增强河蟹体质,提升越冬成活率。9月中下旬,投喂蛋白含量为36%的配合饲料;10月至12月上旬,逐步将饲料蛋白含量提高到40%。日投喂量为苗种总重量的1%~4%。

饵料投喂应遵循定时、定量、定质、定位的原则,日投喂量根据天气、

图4-8　小型投饲机人工投料

水质、饵料残留等因素及时调整。饵料于傍晚投在池边浅滩处,可在浅滩处设置多处饵台,以便及时观察饵料残留情况(图4-9)。

图4-9　检查食台

二 水体管理

　　池塘培育蟹苗,水体管理直接影响蟹苗的生长、发育、成活,乃至直接影响养殖效益。养殖者应根据不同季节和不同养殖阶段,及时调整水深、水质,灵活应对如缺氧、倒藻等养殖过程中出现的突发状况,为蟹苗

培育营造良好的水体环境。

1. 水位调控

根据季节变化,蟹苗培育池水位应遵循"春浅、夏满、秋隐"的原则,春季蟹池水位控制在40~60厘米,低水位有利于水温升高刺激河蟹开食,促进浮游动物、底栖生物和水草生长,也可有效平衡池水昼夜温差,防止早春缺氧等;夏季天气炎热,池塘表层水温常在30℃以上,水温过高不利河蟹生长,需加深水位,最高水位保持在1.3~1.5米;秋季蟹池需保持一定水位,防止水温剧变,随着气温的逐渐下降,及时调整蟹池水位,稳定水温,平均水深在1~1.4米为宜。

2. 水质调控

蟹池水质好坏可通过水体颜色、透明度判断,水体呈现淡黄褐色、浅油绿色,透明度在30~40厘米时,水质鲜活饵料生物丰富,益于河蟹生长;反之,水色发白说明浮游生物死亡,发黑说明水体富营养化,过清说明水体肥力不够易长青苔等。如何使蟹池水质保持稳定,常见有以下五种方法:

(1)定期换水。蟹苗培育池可通过经常换新水,保持水质良好。时间选择清晨太阳升起时,换水时边排边进,保持池中水位基本不变,采用多次少换的原则,每次以换去原水1/4~1/3为宜,减少蟹苗应激。

(2)定期泼洒生石灰水。生石灰能够调节水体pH,提高养殖池底淤泥通透性,促进淤泥中微生物活动,加速有机质分解,增加水体改肥,促进氮、磷元素释放,有利于水质改善、水生动植物生长。定期泼洒对池塘水质调节大有益处,也可用调水、底改制剂替代。

(3)定期泼洒有益微生物制剂。微生物制剂实质上是浓缩的有益菌液,如光合细菌、芽孢杆菌、乳酸菌等,定期泼洒可通过有益菌的繁殖,降解水体有机物,降低水中氨氮、亚硝酸盐、硫化氢含量,分解有害物质,改良水质。

(4)生态调节。适量搭配如鲢、鳙、细鳞斜颌鲴等净水性鱼类,通过鱼类滤(刮)食浮游生物、藻类等达到以鱼净水、生态调节的目的。

(5)水体增氧。溶氧是影响蟹苗生长的关键因子。长期低氧环境下,水体易出现厌氧菌大量繁殖、氨氮升高等问题。养殖者可根据天气、河蟹状态等因素灵活把握增氧机的使用,一般而言,蟹苗培育池溶解氧应保持在4毫克/升以上(图4-10)。

图4-10　幼蟹池水车式增氧

三　水草管理

水草栽培后应加强管理和养护,营造稳定的蟹草共生环境,避免出现水草过稀、过密,甚至大面积衰败死亡、腐烂变质污染水质,造成河蟹死亡。

1. 河蟹养殖初期

需促进水草生根萌发,尽快形成水下森林:①加强池塘水位、水质管理,满足水草萌发、生长需求。②增加动物性饵料或配合饲料投喂量,减缓河蟹食草量,促进水草根须生成。③观察水草萌发、成活情况,对于水草生长缓慢、活力低的情况,应及时追肥。

2. 河蟹养殖中期

需加强水草日常管理：①防治水草虫害。如发现水花生叶片、嫩茎被摄食，出现大片光杆现象，应及时施加抗虫药物。②处理水质浑浊问题。夏季水温升高，河蟹活动频繁、投饵量增加，池塘易出现水浑、草脏的问题。应及时调水改底，并适当减少饵料投喂。

3. 河蟹养殖后期

需避免水草疯长、老化等问题：①河蟹养殖全过程都要控制水草疯长，避免水草过多腐烂坏水。对于池中生长过密的水草，人工割除捞出（图4-11）。经常翻动水花生，促进水体流动，避免水体变质发臭。②水草老化主要原因有营养供应不足、开花后自然老化等，对于老化的水草要及时进行"打头"处理，并施加肥料，促进其生根再生长。

图4-11 人工翻动、捞出多余水花生

（四）防逃防敌害管理

蟹苗养殖过程中，做好日常巡护，特别是大风、雨雪天气后，应及时检查防逃防敌害设施，发现问题及时修补，避免外来敌害如蛙、蛇等进入蟹池，造成蟹苗损失。

▶ 第六节　幼蟹捕捞与运输

一　幼蟹捕捞

幼蟹培育至第Ⅳ～Ⅴ期后，体长、体重显著增加，规格可达100~200只/千克。此时，培育池内养殖密度过大，水体负载高，可选择在晴好天气起捕，进入成蟹养殖阶段。

捕捞时，将培育池水位降低至20～30厘米后，同时打开进出水形成循环水流，沿水流方向布设地笼，利用幼蟹趋水习性捕捉(图4-12)。

(a)　　　　　　　　　　　　　　(b)

图4-12　地笼捕捞幼蟹

二　幼蟹暂养与分选

捕捞的幼蟹放入网箱或水池中清水暂养1~2小时后(图4-13)，放入分选台上进行分拣(图4-14)，挑出性早熟的"老头蟹"，减少成蟹养殖成本。

图4-13　捕捞的幼蟹冲水暂养

图4-14　幼蟹分拣

三 幼蟹运输

　　幼蟹离水后生命力远比蟹苗强,可采用聚乙烯网袋直接运输(图4-15)。装袋过程应遵循轻、快原则,避免幼蟹断腿。装袋后,尽量扎紧网袋,减少幼蟹活动空间。网袋平铺装车,或装箱分层堆集,不可直接挤压。运输过程,需保持蟹体潮湿,可每隔4小时喷洒一次水,避免阳光直射。

图 4-15　幼蟹分拣后打包装袋

第五章 ▶ 河蟹成蟹绿色养殖

▶ **第一节　成蟹养殖池塘硬件设施**

一 池塘条件

河蟹成蟹池塘应尽量选择环境安静、水源条件较好、排灌方便、周边无污染且不易产生洪涝,同时水、电、路等配套设施完善的集中养殖区为宜,四周无遮挡物,在池埂周围设置1.5~2.0米高的围栏网,形成相对封闭、独立的养殖生产区域。精养池塘面积控制在10~15亩为宜,平底塘、环沟塘均可,要求塘型规整,以长方形最佳,池底落差小,方便水草栽植和养殖管理。进排水口分开,呈对角设置,水源上游设置进水口,下游设置排水口,坡比2∶1。环沟塘距池埂3~5米开挖环沟,占比20%~30%,深度70~80厘米(图5-1),每个池塘塘埂四周设置40~50厘米高的防逃设施,宜采用防逃膜、钢化玻璃等表面光滑材质,并以桩体固定,防止河蟹外逃。

二 清塘与清淤修整

清塘是河蟹养殖过程中的关键一环,对成蟹全年养殖、水草生长、水质管理、病虫害防控等起到重要作用,直接关乎养殖产量和效益。成蟹塘鱼、虾、蟹等起捕上市后,即可进行清塘,可以先干塘冻晒后再清塘,也

图5-1 环沟塘开挖

可以先清塘后再干塘冻晒。干塘后,要清理塘内过多淤泥,维持底泥深度10~15厘米,修整塘埂、环沟和防逃设施。

清塘时常因养殖品种、多发疾病及药物来源不同而使用不同种类的清塘药物。河蟹养殖池塘常用的清塘药物有生石灰、漂白粉、茶籽饼(粕)、强氯精、菊酯等,各药物针对的目标敌害有所不同,生石灰、漂白粉、强氯精不仅可以杀灭鱼、虾、蟹、鳖、泥鳅、黄鳝、寄生虫、细菌等,还可以杀灭大型丝状藻类(如青苔等)及蓝藻等,适宜暴发过青苔、蓝藻的塘口使用,能较好地控制青苔、蓝藻发生。除此之外,生石灰相对于漂白粉、强氯精而言,具有更好的底质改良作用,其缺点是使用量大、费时费工,优点是效果最好,每2~3年至少应使用1次,浅水区上水20~30厘米,每亩使用150~200千克生石灰,化水成热浆全池泼洒(图5-2);漂白粉每亩使用量为30~40千克,强氯精每亩使用量为5~6千克,均需化水全池均匀泼洒。茶籽饼(粕)只能杀灭池塘内的野杂鱼、螺蛳、昆虫等,对虾蟹无影响,适用于河蟹蟹种下塘后清除塘内野杂鱼,同时具有一定的肥水效果。根据茶籽饼(粕)生产工艺及压榨方式不同,水深20~30厘米每亩用量为10~25千克不等。使用时先将茶籽饼(粕)浸泡于水中,并加入少量的生石灰水,效果更佳。菊酯类清塘药物主要有3种,即甲氰菊酯、溴氰菊酯和氯氰菊酯,毒性和残留均较大,可杀灭池内常见水生动物,甲壳类动物对其更为敏感,由于具有使用量小、使用方便、成本低等特点,生产中经常使用。近年来,由螺原体感染引起的河蟹"抖抖病"在一定区域呈规模暴发态势,菊酯类清塘药物对螺原体具有一定抑制作用,不少河蟹养殖户已习惯于使用菊酯药物清塘,但菊酯类使用后被吸附到土壤中,降解缓慢,残留时间长,使用后3天应再次使用生石灰降低其毒性,且至少需间隔30天以上方可放苗。

图5-2 成蟹塘生石灰清塘

三 增氧设备安装布置

成蟹养殖池塘增氧方式主要有水车式增氧和微孔管道式增氧(图5-3),规模以上池塘宜采用微孔管道式增氧,对增氧要求较高的,也可同时配备水车式增氧设备,加速水体流动,营造立体增氧效果。根据蟹种投放密度,一般每亩按0.20~0.40千瓦配备微孔增氧设备,主管道一般采用外径40~75毫米的PVC或PE管,配套16毫米(外径)×10毫米(内径)或14毫米(外径)×9毫米(内径)橡胶管或PE支管道,每条支管道长度控制在30米以内(管道过长易引起气压不足或出现局部不出气的情况,增

氧效果差),支管道之间间隔3~4米,支管道每间隔4米开孔布置1个微孔增氧管(以圆锥形空心管接头植入增氧管道内),长15~18厘米,微孔增氧管用桩杆或砖块固定于距池底10~15厘米位置处。

图5-3 成蟹塘微孔增氧开机效果

(四)围网设置

围网设置的目的是预防水草未形成优势种前被河蟹摄食,成蟹养殖池塘根据水草品种的不同决定是否设置围网,轮叶黑藻和苦草一般清明前后发芽,这时,河蟹基本完成第一次脱壳,摄食旺盛,较高密度养殖条件下,如果不在轮叶黑藻和苦草种植区设置围网,芽苗将损失殆尽,造成局部无草。但河蟹较少摄食伊乐藻,因此,伊乐藻种植区可不设置围网。围网设置区要根据池塘形状、面积、水草结构、蟹种放养密度等科学划定,以伊乐藻为主要水草的高密度养殖,围网占比较小;以轮叶黑藻和苦草为主要水草的中低密度养殖,围网面积要相对大一些。面积较大的池塘,可以根据地形分区域设置围网,但总的围网面积不宜过大,控制在塘口总面积的一半以内。围网材料一般为40目聚乙烯网片,下端埋入泥中10~15厘米,顶端高出水面10厘米以上,内侧用竹竿、木桩固定,上沿口靠网围区外侧加缝15~20厘米宽的防逃膜,防止河蟹攀爬逃入围网区内夹食水草(图5-4)。

图5-4　成蟹塘围网设置

▶ 第二节　养殖水环境的营造

一 水草品种及种植方式

养蟹先种草。适宜在河蟹养殖池塘种植的水草品种较多,以沉水植物为主,主要有伊乐藻(图5-5)、轮叶黑藻(图5-6)、苦草(矮叶苦草)(图5-7)、金鱼藻(图5-8)、菹草、微齿眼子菜、水花生、浮萍等。每种水草在池塘中所起的作用不尽相同,也都有各自适宜的生长和繁殖条件。生产实践中,用得最多的还是伊乐藻、轮叶黑藻和苦草(矮叶苦草)。

目前,河蟹养殖池塘中有单一水草种植模式,如全程伊乐藻;也有复合水草种植模式,如伊乐藻、轮叶黑藻、苦草等复合型水草。水花生、浮萍等挺水、漂浮植物多作为辅助性品种,或在水草覆盖不足的情况下,作

为临时替代水草。伊乐藻由于低温条件下显示出较强的生长活力，依然是目前河蟹养殖前期主导水草品种，全程单一使用伊乐藻虽具有成本低、适宜高密度养殖等优点，但对管理要求较高，遇持续极端高温天气，保草难度大。实际生产中，为合理利用各种水草的特性和优势，发挥水草间的互补效应，减小水草管理和养殖风险，更多的还是采用复合水草种植。要根据池塘具体条件综合考虑，确保不同时间段，池塘均有相应的优势水草，覆盖率不能低于50%。

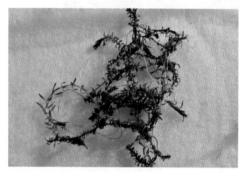

图5-5　伊乐藻

图5-6　轮叶黑藻

图5-7　矮叶苦草

图5-8　金鱼藻

1. 伊乐藻

伊乐藻于20世纪80年代被引入我国，多年生沉水草本植物，丛生，叶茎生，无柄，常3叶轮生，气温在5℃以上即可生长，在寒冷的冬季能以营养体越冬，高温时活力变差。我国境内的伊乐藻均为雄株，无种子。伊乐藻的种植通过枝茎移栽，主要移栽区域有环沟、坂田和池周平台，一般清塘结束、上水后即可移栽,越早移栽越利于发棵,形成优势。环沟移栽伊乐藻可采取穴栽和条栽。沿环沟斜坡两侧中央水平线位置,每2~3米移栽1穴,直径30~50厘米(图5-9);或者隔2~3米开8~10米长的浅沟槽,铺上伊乐藻枝茎再用少量泥土压实,尽量让枝茎多接触底泥,促进生根,提高抓地力。坂田和池周平台可在3月底至4月初上水后分批移栽,穴栽或条栽均可,主要移栽在坂田围网外围或池周平台上,要留有一定的空白区域,便于投饵和水流畅通。轮叶黑藻或苦草区的空白区可以推迟到5月底或6月初开始移栽,采取穴栽方式,间距2~3米。

图5-9　成蟹塘环沟伊乐藻种植

2. 轮叶黑藻

单子叶多年生沉水植物,叶带状披针形,3~8片轮生,通常以4~6片为多。属耐高温型水草,在15~30℃的温度范围内生长良好。轮叶黑藻根系欠发达,不太适宜栽植在较深水域。主要种植方式有三种:芽孢种植、芽苗移栽和茎叶扦插。芽孢种植一般在每年的3月初前完成,每亩用种量1.5~2千克,可穴栽或条播。清塘后,在坂田和池周平台浅挖洞穴,深5~6厘米,直径20厘米左右,穴间距1米左右,每穴15~20粒,均匀分布,薄盖一层碎土,底质偏瘦池塘可在播种前施适量有机肥;条播前,现

将土壤疏松,种植区5~6米,空白区2~3米,种植轮叶黑藻尽量选择池塘水位偏浅区域。

芽苗移栽通常在清明前后进行,芽苗要尽量选用新鲜、枝茎相对粗壮的,一般移栽7~10天即可活棵,亩均用种量根据芽苗大小有所不同。

茎叶扦插在5月下旬至8月进行,直接将拔出的新鲜茎叶扦插入泥中或用少量泥土覆盖,或者茎叶切成段按条状铺于底泥表面,用竹扫帚轻按入泥,保留部分茎叶露出。由于水温适宜,茎叶很快扎根,萌发新芽。

3. 苦草

苦草无主根主茎,叶片带状、根须状,适合于池塘较深水域种植。目前,成蟹养殖池塘使用的苦草分为有籽苦草和无籽苦草,无籽苦草也就是我们俗称的“矮叶苦草”“四季苦草”,近年来矮叶苦草越来越广泛地应用于成蟹养殖。有籽苦草一般播种期在清明前后至6月,7月尚能萌发,根据池塘形状呈条状分布,种植区5~6米,空白区2~3米,多采取撒播,每亩用种量100~200克。矮叶苦草一般3月即可开始移栽,每穴3~4棵,间距40~50厘米。

（二）螺蛳投放

螺蛳是河蟹喜食的天然优质动物性饵料,其在净化水质的同时,可一定程度弥补人工投喂饵料不足,保证河蟹正常生长。目前,在河蟹养殖过程中,螺蛳投放改过去的一次性投放为分批投放,每亩总投放量为350~500千克。第一批螺蛳投放量不能过大,约占全年投放量的1/3,若投放量过大,极易导致前期水清、难肥,严重的还会暴发青苔(图5-10),一般第一次投放选择在清明节前后,此时正是螺蛳产卵季节,可繁殖大量的仔螺,每亩投放量为150~200千克(图5-11),此时,由于气温较低,螺蛳不易爬行,投放时应沿边撒开,不要成堆投放,防止螺蛳堆积造成缺氧死亡;第二次在坂田上水前一个星期左右,每亩投放量100～150千克,防止河蟹上田里夹食水草;第三次可在7—8月,每亩再补放100～150千克螺蛳,以缓解河蟹中后期夹草,减少保草压力。这时气温较高,螺蛳在运输过程中容易缺氧而死,尽量选择出水时间短的螺蛳,在气温稍低的早晚投放。

图5-10　成蟹塘水质过瘦暴发青苔

图5-11　螺蛳投放

近年来,随着养殖理念的转变、养殖管理水平的提升,加之螺蛳资源越来越稀缺,部分河蟹养殖户已选择不投放螺蛳或少量投放螺蛳,通过加强水草水质管理和营养强化,同样可以获得理想的河蟹规格和产量。

▶ 第三节　蟹种选择与放养

一　蟹种选择

　　沿江、沿淮地区蟹种主要选择长江水系河蟹蟹种,近年来,"长江1号""长江2号""江海21号""金农1号""诺亚1号"(图5-12)等河蟹新品种的相继问世,为养殖户提供了更多可选择的空间。为满足早上市的需求,部分地区选用辽河水系或长江水系、辽河水系杂交蟹种开展成蟹养殖,上市时间可提前20~30天。

图5-12　河蟹新品种"诺亚1号"蟹种培育

　　按繁育亲本规格划分,河蟹蟹种可分为三类,分别为小母本蟹种(雌蟹亲本<150克)、中等母本蟹种(150克≤雌蟹亲本<200克)、大母本蟹种(雌蟹亲本≥200克),相应的蟹种价格悬殊也很大,可以根据自身池塘条件、养殖水平、预期养成规格(产量)、目标市场等综合考虑选择多大规格母本的蟹种,一般养殖户选择中等母本蟹种即可。规模成蟹养殖及有配套小塘口的养殖户,可以根据成蟹养殖规模配套蟹种池自主开展蟹种养

殖,以满足自己的蟹种需求,减少外购运输,提高成蟹养殖成活率。

要选择活力好、体质强健、无病害的蟹种,主要特征是背部呈黄褐色、腹部呈白色,体表干净有光泽,食线清晰完整,腹部饱满,无纤毛虫等寄生虫、无甲壳溃烂、无爪尖缺失等病理现象,鳃丝完整干净透明、不发黑、不溃烂,肝脏金黄饱满、不发白、不萎缩。聚集后松开,蟹种能快速分散的活力好;蟹种抓在手心后放开,附肢不断,放下能迅速翻身为宜;将蟹种腹部朝上放置地面上,反复操作,能迅速翻身数次的为体质较好。蟹种筛选要严格剔除残肢、畸形、活力弱的个体,"老头蟹"一定要剔除。

蟹种规格要均匀、整齐,根据大小可分为三档,大规格蟹种每千克60~80只(图5-13),中等规格蟹种每千克80~160只,小规格蟹种每千克160只以上。大规格蟹种更适宜养大规格精品蟹,小规格蟹种更适宜养高产量的普通蟹,具体选用什么样规格的蟹种要结合自身实际。

图5-13　大规格蟹种

二　蟹种放养

蟹种放养时间一般为当年的11月至翌年3月,宜早不宜晚,早放可以让蟹种提前适应环境,有利于早摄食、早脱壳,沿江地区第一次脱壳时间从3月中下旬开始。放养晚了,蟹种临近脱壳,受挤压后运输死亡率高,因此,蟹种放养尽量在3月初前结束。尽量选择天气晴朗时放养,蟹

种整袋放入池塘中浸泡1~2分钟后,拿出后静置2~3分钟,再浸泡1~2分钟,如此反复2~3次,使蟹种适应水温(图5-14)。沿塘埂或环沟边均匀投放,让其自行爬入环沟。面积较大的池塘,可采用船运输的形式放养,船上放置一块泡沫板,将蟹种倒在平板上,船匀速缓慢前行,让蟹种爬入水中。放养前半小时,每亩可化水泼洒维生素C 500克以减少环境应激,提高放养成活率。蟹种放养密度根据塘口条件,结合自身养殖水平,合理确定。一般蟹种放养密度分为三个档次,每亩放养1 000只以下为低密度养殖,1 000~1 500只为中密度养殖,1 500只以上为高密度养殖。同等管理水平下,一般放养密度越高,成蟹规格越小。

图5-14　蟹种放养

▶ 第四节　成蟹养殖管理

一　水位水质管理

好水出好蟹。成蟹池塘水位管理遵从"春浅、夏深、秋浅"的基本原则,一般3—5月,池中浅水区水位控制在0.5~0.6米,环沟塘5月初将环沟水加满,坂田水位加至0.2~0.3米;6—9月平均气温较高,要适当地注水升高水位,一般浅水区的水位加至0.5~0.6米,平底塘水位要保证1.0米;10月以后,浅水区的水位一般控制水深在0.4~0.5米。暴雨前后或连续阴雨天要控制好水位,保证水草可以获得充足光照。

河蟹养殖水体要保持早期肥、中期瘦、后期适度肥。养殖前期需要注意适量使用发酵生物肥或氨基酸肥水产品,配合黄腐酸钾、腐殖酸钠等,水温15℃以上时可配合使用微生物制剂,保持水体有一定肥度,透明度一般要求30~40厘米,以预防青苔发生,促进水草萌发。养殖中期,水草形成优势后,需要保持水体清澈、偏瘦,透明度一般在40厘米以上。9月以后,河蟹逐渐开始成熟,水体开始变浑浊,透明度下降至10~20厘米。养殖全过程,定期测定水质,发现问题及时采取措施(图5-15)。溶氧要求 ≥4毫克/升,pH 7.0~10.0,氨氮含量 ≤0.5毫克/升,亚硝酸盐氮含量 ≤0.1毫克/升。有条件的地区,每10~15天换水30~40厘米。

图5-15 成蟹塘水质监测

6—11月养殖中后期,要做好水质调节工作。每隔15天左右,使用1次生石灰,按每亩3～5千克化水泼洒,第二天使用1次芽孢杆菌或光合细菌或乳酸菌等微生物制剂,7天后重复使用1次,交替周期使用。光合细菌和乳酸菌制剂易扩培,可采取自购菌种、培养基进行自主扩培,降低使用成本,根据水质状况,每次使用量为每亩5～20千克。

二 投喂管理

河蟹为杂食性动物,饲料来源广泛,主要有配合饲料、冰鱼和农副产品三种,农副产品包括玉米、黄豆、蚕豆、小麦、豆粕、南瓜、山芋等。目前,成蟹养殖投喂模式主要分为全程颗粒饲料投喂和颗粒饲料搭配冰鱼、农副产品投喂两种(图5-16)。6—7月前,可采取全颗粒饲料投喂;6—7月后,根据具体条件,可采取颗粒饲料搭配冰鲜鱼和玉米、蚕豆、小麦、豆粕、南瓜、山芋等,配合饲料粗蛋白含量要求在40%以上,尤其是上市前,若采用全程颗粒饲料投喂,粗蛋白含量要达到45%以上。饲料投喂要遵循定时、定量、定位原则,每天傍晚投喂,对角线设立食台,早期2—3月水温偏低时,要少投喂或者2天投喂1次,投饲率为1.0%～1.5%,前期沿环沟均匀定点投喂;后期坂田围网拆除后,逐步全池均匀投喂,投

图5-16　配合饲料搭配冰鱼、农副产品投喂

饲率为3.0%~8.0%,具体投喂量根据天气、水温、摄食情况、生长阶段等适当调整,以略有剩余为宜。如次日上午出现水体浑浊、水草夹断漂浮现象,则需增加投喂量;如次日发现剩饵较多,则需减少投喂量。阴雨、雷暴、梅雨季节等特殊天气,要适当减少投喂量,河蟹脱壳期减半投喂,脱壳期结束后要加大投喂。不同阶段,配合饲料颗粒大小根据河蟹大小及时调整,玉米、黄豆、小麦等煮熟或发酵后投喂效果更佳。

（三）水草管理与维护

"蟹大小,看水草""蟹多少,看水草"。河蟹池塘的水草管理要做到"种草不见草",即保持水草在水面以下,覆盖率前期保持20%~30%,中后期保持50%~70%(图5-17)。

图5-17 成蟹塘养殖后期水草覆盖

早期环沟的伊乐藻,水温低,生长慢,需要适时补充草肥,促进生长。当出现疯长过密、封沟等情况时,应定期清理、适当拉通风沟,可采取割草头(图5-18、图5-19)、掏草心等控制,使草头在水下20~30厘米为宜,伊乐藻面积占比宜控制在30%左右;割完后及时捞出多余水草,并补充适量草肥促进水草生长;高温季节到来前,及时割茬,保证水草活力,避免高温漂浮。当发现草害啃食茎叶后,要及时杀虫,再施草肥。

图5-18　人工小型割草机割伊乐藻草头

图5-19　全自动机械割草机收割伊乐藻草头

　　轮叶黑藻和苦草是河蟹脱四、五壳的主要水草。底质贫瘠的池塘，轮叶黑藻和苦草种植区早期可施少量发酵有机肥，随着水位加深，水草生长逐渐露出水面，此时要及时割除顶端部分，保持水草在水面下20～

30厘米。如出现部分区域水草密度不够,应及时补种;若出现疯长或过多的情况,要拉出通风沟和投饵区,避免夜间缺氧。发生虫害,要及时进行杀虫。

养殖中后期,若出现水草覆盖率不足的情况,可及时补充水花生、浮萍、水葫芦等辅助性水草。水花生、浮萍、水葫芦的面积一般以占池塘面积的5%～10%为宜,避免发生缺氧死蟹的现象。水花生、水葫芦平铺于水面,按直径1.5～2米的圆形布置,不宜过厚,用竹竿、木桩或漂浮框架固定,定期清理过多再生茎,保持合理密度,确保水体通透;浮萍若出现繁殖过快现象,应定期捞出,谨防覆盖整个水面。

(四) 脱壳期管理

成蟹养殖一般需经历5~6次脱壳,加强脱壳期管理尤为重要。第一、二次脱壳决定了河蟹的成活率,第五次脱壳决定了河蟹的规格。沿江地区河蟹脱第一次壳时间在3月底、4月初,脱第二次壳时间在4月底、5月初,脱第三次壳时间在6月初,脱第四次壳时间在7月中、下旬,脱第五次壳(生殖脱壳)时间在8月中旬至9月上旬(图5-20)。每次大量脱壳前

图5-20　生殖脱壳后的雄蟹

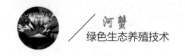

1周,可以在配合饲料中添加维生素和钙、镁等微量元素,连续拌料投喂5天,同时,脱壳期全池均匀泼洒离子钙、抗应激产品。如果出现"拉壳""顶壳""脱壳不遂"等现象,可改投少许冰鱼并加大添加剂用量。脱壳期间,要保证水体溶解氧充足,可适量加注少量新鲜水,刺激河蟹集中脱壳。脱壳高峰期,投饵量减半,脱壳结束后,加大投饵量,促进河蟹恢复体力、壳体硬化。脱壳期要经常性巡塘,关注河蟹脱壳情况,注意防鸟害,禁止使用杀虫、杀菌类药物。

▶ 第五节　主要池塘成蟹养殖模式

一　河蟹青虾+多营养层级生态养殖模式

这是近年来备受推崇的一种河蟹多营养层级生态养殖模式,以河蟹、青虾混养为基础,依据配养品种所占不同生态位和独特的生物学特性,搭配套养经济价值较高的鱼类,如沙塘鳢、细鳞斜颌鲴等,在不增加额外投饵,不影响河蟹、青虾产量和规格的前提下,增收一批经济鱼类,增加了蟹池产出。

1. 模式特点

该模式是池塘成蟹养殖主动适应市场变化的一次技术整合,将市场行情逐年看涨的热门品种——青虾引入河蟹养殖池塘,再通过套养名优鱼类控制青虾自繁带来的种群密度过大,达到生产大规格河蟹、青虾的目的,充分利用了水体空间,规避单一养蟹市场风险,提高了模式的抗风险能力。可实现亩产商品蟹100~150千克、商品青虾40~50千克、名优鱼类10~20千克,综合效益突出。

2. 技术要点

(1)苗种放养。

①蟹种放养。3月初前,选择气温适宜的晴天上午,放养人工培育、规格60~120只/千克的长江水系蟹种。经运输后,先平衡温度、食盐消毒后放养,将蟹种轻轻倒在斜坡上,让其自行爬入水中,每亩投放800~1 500只。

②青虾苗放养。河蟹放养后,每亩投放规格600~1 000尾/千克的青虾苗5~8千克;7月中下旬,每亩补放养规格4 000~6 000尾/千克的夏季虾苗5千克,平衡温差后沿池塘四周浅滩均匀投放。

③配套鱼种放养。3月上旬,可选择每亩套养全长12~14厘米细鳞斜颌鲴鱼种40~50尾,同时每亩放养1组(♂:♀=1:1)当地2冬龄无病无伤、规格相对整齐、活力强、性腺发育良好、规格50~70克/尾沙塘鳢亲本,可在池塘周边用围网隔开局部区域开展强化培育,待沙塘鳢苗达4~5厘米再撤去围网;或5月份,每亩套养全长4~5厘米沙塘鳢鱼种300~400尾。

(2)饲料投喂。养殖前期选用河蟹全价配合饲料,粗蛋白含量为36%~40%;养殖后期搭配青虾配合饲料和冰鱼、玉米、小麦、南瓜等,冰鱼切块、玉米熟化后投喂,根据水温及河蟹、青虾的重量估算日投喂量,以2~3小时吃完为宜,具体投喂量视水质、天气及次日残饵情况,酌情增减。其他套样品种无须另外投喂。10月份,河蟹起捕后,只投喂青虾配合饲料,直至上市。

二 河蟹"3+5"生态养殖模式

1. 模式特点

该模式主要针对蟹种直接下塘后养殖成活率不稳定、养殖风险较大等弊端,分别利用伊乐藻耐低温、轮叶黑藻耐高温互补的特点,按照一定池塘配比,将成蟹养殖分为前3个月在伊乐藻塘口养殖和后5个月在轮

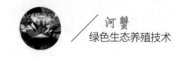

叶黑藻塘口养殖两个阶段。通过分段式养殖,减小水草管理难度和养殖风险,蟹种经暂养后二次分选,更有利于保障养殖成活率,提高养成规格和产量。与传统养殖方法相比,河蟹产量增加20%以上,规格提升10%以上,增收增效明显。

2. 技术要点

(1)池塘要求。按照面积(3~4):1配备大、小池塘或将同一口池塘用围网分隔成大、小两口池塘。

(2)水草种植。小池塘11月份种植伊乐藻,大池塘在3月初种植轮叶黑藻,种植面积为池塘面积的50%~60%。

(3)饲料投喂。蟹种进入小池塘后,水温达到8℃即开始投喂粗蛋白含量为40%的河蟹专用配合饲料。

(4)蟹种放养。选择长江水系中大规格亲本繁育的优质蟹种,进入小池塘的蟹种在1月份完成投放,放养密度5 000~6 000只/亩;5月中旬,用地笼捕捞小池塘的蟹种,将规格大于30克/只的蟹种挑选出来投放到大池塘,大池塘的蟹种放养密度为800~1 000只/亩。用围网分隔成大、小池塘的,直接撤掉围网,让小池塘的蟹种进入大池塘。

三 河蟹+小龙虾混养模式

1. 模式特点

该模式根据蟹池前期存量相对较小的实际,充分利用早期河蟹养殖池塘中丰富的天然饵料资源作为小龙虾苗的开口饵料,通过定量放养小龙虾抱卵虾挖掘5—7月池塘水体空间资源,开展小龙虾精准养殖,有效避开小龙虾白斑综合征发病的高峰期,实现错峰上市。这种模式既不影响前期河蟹的生长及成活率,又能保证小龙虾的正常生长,显著优于传统的投放虾苗或原塘留置种虾自繁自育的虾蟹混养模式,可实现虾蟹双赢,亩产小龙虾100千克以上、河蟹100千克以上。

2. 技术要点

(1)以环沟塘为宜,面积5~20亩均可。

(2)每年11月份,河蟹起捕结束以后,在距岸约1米的位置设置一道围网,防止已上岸打洞的抱仔虾重新回到池塘里产仔。

(3)3月初前,放养规格60~100只/千克的蟹种,放养密度为800~1 200只/亩。

(4)清明前后,每亩投放其他池塘或原池内侧网外自然出洞的规格40~60克/只抱仔虾10只。

(5)坂田周边可以种植一些水花生,固定后供虾蟹附着。

(6)饲养管理按照正常的河蟹养殖管理即可。

(7)6月中下旬到8月中旬前,捕大留小,采用捕虾不捕蟹专用地笼将存塘小龙虾尽可能捕尽。

(8)养殖结束后要杀灭池中残留的小龙虾。

四 河蟹"六月黄"——水稻绿色种养模式

1. 模式特点

该模式将河蟹"六月黄"养殖和水稻种植有机结合起来,一方面,7月份"六月黄"养殖结束后种植一季水稻,可以有效稳定粮食生产,保护现有部分河蟹养殖不受转产限制;另一方面,缩短了河蟹养殖周期,尤其是避开了伊乐藻管控难度最大的7—8月高温季,河蟹提前3个月上市,降低了养殖风险,是一种典型的绿色种养模式,可实现亩均水稻产量500千克,河蟹"六月黄"亩均产量100~150千克。

2. 技术要点

(1)11月,水稻收割后,稻茬晾干,种草区旋耕,并施有机肥100~150千克/亩;若有环沟,每亩使用生石灰100~150千克,带水清塘,并修整池埂及环沟。

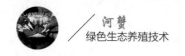
(2)全程选用伊乐藻。

(3)2月份,在水温8℃以上的晴好天气,选择规格整齐、食线饱满、附肢齐全、无环爪磨爪的母本规格≥150克的长江水系河蟹全雄蟹种,规格30～60只/千克,放养密度2 000～3 000只/亩。

(4)3—4月,每7～10天,使用1次氨基酸肥、黄腐酸钾或腐殖酸钠,维持水体透明度30～40厘米,水草隐约可见;第1次脱壳后,分区域对伊乐藻进行深度修剪,控制水草高度20～30厘米;第2、第3次蜕壳后,依次进行此操作,每次修剪后,及时补充草肥,促进水草扎根。

(5)2月份蟹种入池后,根据天气和摄食情况,调整投饲率。一般2—3月按2%投喂,2天投喂1次;4—5月,按2%～3%投喂,每天1次;6月,按4%～5%投喂,每天1次。每次以第二天投料台少量剩余为宜,饲料粗蛋白含量要求在40%以上,饲料可经过乳酸菌、EM菌发酵3～5天后投喂。

(6)6月开始,河蟹第3次壳脱完以后,根据市场需求和蟹发育饱满程度,适时采用地笼起捕上市。

(7)7月份,清塘旋耕后开始水稻种植,水稻品种以杂交稻为宜,生育期110～130天。水稻栽培与管理参照《绿色食品 水稻生产技术规程》DB34/T 1701—2012操作。

五 耦合蟹种培育的大规格成蟹生态养殖模式

1.模式特点

该模式将大规格蟹种培育与成蟹后期养殖耦合,即成蟹池套养蟹种、翌年直接养成大规格成蟹养殖技术,提前4～6个月将蟹种投入成蟹养殖池,较早适应成蟹养殖环境,最大限度释放蟹种生长潜能。成蟹规格大且整齐,可实现亩产大规格商品蟹150～200千克、青虾30～40千克;同时由于上个养殖周期未能彻底清塘,利用鳜鱼控制野杂及青虾密度,充分利用水体空间,节本增效。此模式对养殖技术环节把控要求较高,不能每年彻底清塘,适宜与其他成蟹养殖模式轮换。

2. 技术要点

(1)池塘面积以5～20亩为宜,环沟塘,呈"口"或"井"字形,以占比30%为宜,环沟深0.5～0.6米。

(2)8月底,提前将规格150～200/千克的蟹种放入成蟹养殖池,放养密度1 200～1 500只/亩。

(3)11月,降低环沟水位,露出坂田和四周平台,成蟹及配套品种起捕后(图5-21),无须清塘,水草栽植及围网设置按常规操作。

(4)第二年3月每亩放养规格250～500克/尾的鳙鱼10尾,5月放养规格5厘米/尾的鳜鱼20尾,6月放养规格4 000～6 000只/千克的青虾苗3千克。

(5)翌年5月,采用青虾专用地笼起捕青虾,捕大留小。

图5-21　起捕当年成熟的河蟹

(六) 河蟹平底池全程伊乐藻绿色养殖模式

1. 模式特点

该模式全程选用单一伊乐藻,通过水位控制、水草管护、水肥运筹、水质管理等集成技术应用,河蟹养殖池塘中伊乐藻安全度夏,实现全程

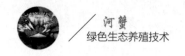

伊乐藻养殖,减轻复合型水草种植劳动强度,节本增效,适宜规模化养殖。

2. 技术要点

(1)塘口以5~20亩为宜,平底,不设围网。清塘后,即可栽植伊乐藻,可以穴栽,也可以条栽,栽后上水20~30厘米,每亩用漂白粉2.5千克,确保6—7月,水草覆盖率达60%~70%为宜。

(2)合理的水位与水草的生长密切相关。坚持"春浅、夏满、秋适中"的原则,4—6月份,尽量压低池塘水位,迫使伊乐藻向四周生长,增加其与地面的接触面积,促进白根萌发。正常水位以水草顶端距水面20~30厘米为标准。一般在4月前,水位控制在30~40厘米,5月份时水位控制在40~50厘米,6月份时保持在50~70厘米,7月份保持在80~100厘米,持续高温期控制在100厘米深水位。

(3)初春水瘦塘口青苔易暴发,要及时采取施肥或使用药物的方法来杀灭青苔,以防影响伊乐藻生长;若发现蜻蜓幼虫、卷叶虫、摇蚊幼虫等水草虫害严重时,根据虫害变态的特点,选择杀虫药采取分区域杀灭方式,连续用药2~3次,每天1次;生长旺季应及时刈割,增强通风透光,促进水体流动,刈割要分批分区域进行,第一次刈割后待水清后割第二次,以此类推;应密切关注草根状态和扎根力度,避免在草根扎根力度较弱时进行打理,6月10日以后不宜割草;伊乐藻长至30~40厘米高时,可少量使用植物生长调节素进行控制;对于已经漂浮、活力尚可的伊乐藻,可以原地固定,定期使用赤霉素、芸苔素等,化水泼浇草头,让伊乐藻保持活力,秋后萌发。

(4)5月前,定期使用黄腐酸钾、腐殖酸、磷酸二氢钾等,保持水体一定肥度,以利于水草生长,预防青苔(图5-22);刈割后要及时补充草肥,以碳肥、钾肥和硼、镁等微量元素为主,注重均衡根部营养结构,促进伊乐藻根部生长。

（5）养殖中后期要保持水体透明度≥40厘米，高温期应注意水质底质改良，周期性使用微生物制剂调节水质，确保伊乐藻能安全度过高温；6—9月，夜间应及时使用微孔管道、水车式增氧机增氧，确保伊乐藻异化作用及河蟹生长溶氧需求，防止伊乐藻底部缺氧上浮。

图5-22　3月份全程伊乐藻池塘水草长势

第六章　河蟹病害防控

第一节　发病原因

近年来,随着河蟹养殖业的发展,养殖密度和产量不断增加,池中腐殖质、饲料残饵、河蟹粪便等有机物不断累积增多,水体质量越来越差;各种病毒、细菌、寄生虫等繁殖速度加快,造成河蟹发病率增高,轻则影响生长,重则导致死亡,给养蟹户造成严重经济损失。河蟹主要发病原因如下:

一　水质恶化

由于池塘中投入的动、植物饵料较多,造成池中饲料残饵、腐殖质、粪便等有机物沉积较多,使水质恶化速度加快;池塘管理不善,水草老化腐烂较多,加水和换水不及时等因素,造成池塘自净能力下降;池塘多年没有清淤,导致亚硝酸盐、氨氮、硫化氢等有毒物质增多,溶氧量下降,水质日趋恶化,使正常生化反应受阻,破坏了生态平衡;水体环境恶化加重,不但使河蟹机体组织缺氧,免疫力下降,生长缓慢,而且还助推病原微生物大量滋生,随着毒性增强,形成了大量致病性病原。

二　养蟹密度过大

随着养蟹水平的不断提高,放蟹密度也越来越大,有很多养殖户受经济利益驱动,在有限的水体中无限地增大放养密度,超出了养殖水体的容纳量,水体生态平衡受到破坏;随着河蟹放养密度的增大,池中投入的饵料和肥料也不断增多,残饵和粪便也不断增多,大大增加了水环境的不稳定性,使河蟹免疫能力不断下降,发病概率不断上升。

(三) 蟹种退化

体质是河蟹发病的内因,体质好的河蟹对寄生虫、细菌、病毒免疫力强,发病率低。因此,要选购无病、无伤、体质好的蟹苗放养。在河蟹育苗过程中,若采用个体较小的成蟹作为繁殖亲本,或采用同一池塘同一亲本繁殖的雌、雄蟹作为繁殖亲本,可导致河蟹种质严重退化,个体抗病力下降。

(四) 水草不足

水草不仅可以净化水质,降低水温,改善水体环境,也可作为河蟹蜕壳时的隐蔽物,还可作为河蟹辅助饵料。河蟹养殖过程中,池塘中需有40%~50%的水草。一些河蟹养殖池塘水体较浅,在高温季节时,若水草密度太低,造成池塘水温过高,导致一些河蟹会直接被热死,若没被热死,也会极大地影响其生长。

(五) 投饵不当

随着饲料原料价格的上涨,河蟹饲料占养殖成本比例较大,一些养殖户为降低养殖成本,自行选择冰鲜鱼或其他动物性饵料。在投喂这些饲料时,由于饲料变质或某些元素含量过少、过多,造成河蟹相关功能失调,暴发疾病;饵料中缺乏磷、钙、镁等无机盐,使河蟹出现软壳症,造成河蟹脱壳困难;动物饵料数量不足,无法满足河蟹生长的营养需求,造成河蟹抗病能力差、发病概率高。

六 管理不善

池塘底泥中存有大量细菌,蟹苗放养前,没有严格消毒,留下致病隐患;在高温季节,蟹塘中的残饵、粪便等腐败分解,使厌氧菌大量繁殖,产生很多有毒有害物质,若不能及时消毒,极易造成蟹病发生。一些河蟹养殖户,缺乏蟹病防控知识,无病不预防,有病乱投药;一些养殖户急于治好蟹病,擅自加大用药剂量;也有一些养殖户在蟹病还未彻底治好时,就立即停止用药。

▶ 第二节 河蟹疾病种类及防治

河蟹疾病主要有寄生虫病、细菌病、真菌病及病毒病等。

一 寄生虫病

1. 固着类纤毛虫病

固着类纤毛虫病的病原主要是聚缩虫和钟虫,其次为单缩虫和累枝虫。

(1)流行。主要发生在夏季,全国各地均有发生,对幼蟹危害较大。

(2)病症。病蟹体表有许多绒毛状物及大量的其他污物,呈黄棕色,手摸体表有滑腻感黏液。发病中晚期,蟹体周身被厚厚的附着物附着,引起鳃丝受损,继发细菌感染,食欲减退,甚至不摄食,生长发育停滞,体质虚弱,蜕壳难。

(3)防治。全池泼洒阿维菌素溶液20~25毫升/亩·米或纤虫净200克/亩·米,病情严重隔日再用1次。

2. 蟹奴病

蟹奴病又称臭虫蟹病。病原为蟹奴,是一种专门寄生于河蟹腹部

(胸板)或附肢上的寄生虫,长2~6毫米,厚1~2毫米,扁平、圆枣状,绿豆大小,乳白色或半透明。被蟹奴寄生的商品蟹肉味恶臭,不能食用,被渔民称之为"臭虫蟹"。

(1)流行。蟹奴病发病季节为6—10月,9月为发病高峰。蟹奴主要危害成蟹,虽不会引起河蟹大量死亡,但严重地影响河蟹商品规格与价值。

(2)病症。发病的河蟹夜晚上岸,活动力和摄食量较未发病前明显减弱。外观甲壳,呈青绿老成似成蟹体色,脐部周边刚毛密生显早熟症状,腹脐外观明显异常,略显肿胀,比正常蟹宽大、膨松,体腹部不能贴紧,严重者在水体中腹脐张开,揭开腹脐明显可见多个直径2~6毫米、厚1~2毫米的扁平略圆的乳白色颗粒,有柄附生于腹脐内侧,以腹脐与头胸甲连接处最多,不易摘除。

(3)防治。选择幼蟹时,将感染蟹奴的剔除;幼蟹放养前,池塘要严格消毒;感染蟹奴的河蟹池塘用0.7毫克/升硫酸铜加1毫克/升硫酸锌合剂杀灭寄生的蟹奴,同时使用护草药物,缓解硫酸铜对水草的损害。

3. 肺吸虫病

肺吸虫病又称吸虫囊蚴病,是蟹类吸虫病的一种。由于肺吸虫与人类有着较为直接的关系,即人若染上该虫则对身体有较大影响。

(1)流行。病原体为肺吸虫。肺吸虫是一种人畜共患的寄生虫,其一生有三个宿主,淡水溪蟹等蟹类是第二中间宿主。寄生于蟹类的吸虫为发育阶段的囊蚴。

(2)病症。肺吸虫对第二中间宿主蟹类的危害不大,病症不明显,但对第三中间宿主(终宿主)人畜的危害较大。

(3)防治。在养殖河蟹中,目前尚无较好的治疗肺吸虫囊蚴病的方法,一般以预防为主。河蟹养殖池塘禁用新鲜人畜粪便,同时杀灭蟹池内及周围的川卷螺(肺吸虫的第一中间宿主)。杀灭川卷螺用0.7毫克/升硫酸铜全池遍洒,10天后再用生石灰10~15千克/亩化水泼洒。

4. 拟阿脑虫病

病原体为蟹栖拟阿脑虫。

(1)流行。拟阿脑虫病在河蟹养殖中感染亲蟹较为严重,幼体偶有感染。拟阿脑虫病对河蟹亲本危害严重,发病迅速,死亡率高。拟阿脑虫对环境的适应能力很强,但不耐高温。该病流行期为12月份至次年4月份,长期处于低温土池暂养的抱卵蟹及室内水泥池培育的抱卵蟹容易发病。

(2)病症。受到感染的抱卵蟹,外观无明显症状,但体表及步足指节有少量破损,有的步足脱落,其体色由青色逐渐变为灰黄色;病蟹不栖息于隐蔽物内,而匍匐池底或障碍物上;此外摄食减少,反应迟钝,活动能力减弱,并且肢体无力,用手抓握无挣扎感。取感染该病中后期抱卵蟹的体液置于载玻片上,体液呈乳白色,不凝固,血液及淋巴液聚集大量虫体。

(3)防治。拟阿脑虫病以预防为主,亲蟹越冬工具用200毫克/升漂白粉溶液浸泡,亲蟹用25毫克/升福尔马林溶液消毒3~5分钟;另外,将亲蟹越冬池水水温升至23~25℃,并维持3天。

5. 微孢子虫病

病原体为微孢子虫。

(1)流行。微孢子虫病每年4—10月均有发病,7—9月是发病的高峰季节。该病一般情况下养殖户难以及时发现,且一旦出现便难以治愈。即使不死亡,也会影响河蟹的商品规格、质量及成活率,后期上市不肥,市场不接受,给广大养殖户造成了巨大的经济损失。

(2)病症。发病河蟹存在壳体不坚硬、容易进网。另外,大部分河蟹受到微孢子虫病感染后,会在后期出现蜕壳的情况。解剖表现异常的河蟹,患病河蟹肝脏、胰腺受到微孢子虫病的影响,导致内部脏腑受损。因病毒感染程度不同,内部胰腺呈现的颜色有所差异,患病严重的河蟹其肝脏颜色多为灰白色,并且大部分河蟹其腹腔内部存在糜烂、积水等情

况,有肉眼可见的溃烂。

(3)防治。微孢子虫寄生于河蟹肝脏、胰腺的细胞中,其侵入河蟹细胞内,药物也无法杀死原虫。河蟹苗种饲养时,需要严格遵循选育要求,选择优良品种,还要对池塘进行彻底消毒,投喂保护肝胆的药物,提升河蟹自身抵抗病原的能力。

二 细菌性疾病

细菌性疾病是河蟹的主要疾病,常见的河蟹细菌性疾病有黑鳃病、腐壳病、弧菌病、水肿病等。

1. 黑鳃病

河蟹黑鳃病一般为细菌感染所致,水质差是河蟹发生黑鳃病的主要原因,但亦有聚缩虫、累枝虫等寄生虫寄生在鳃丝上继发细菌感染形成的黑鳃病。

(1)流行。河蟹在集约化养殖中,因放养密度大,投饵量大,水质变差,容易发生黑鳃病。该病多发生在成蟹养殖的后期。

(2)病症。病蟹的鳃丝呈暗灰色或黑色,易浮头,严重时全部变黑。病蟹行动迟缓,呼吸困难,有的河蟹上岸,最后死亡。

(3)防治。预防选择石灰或者茶籽饼等低毒、无残留药物定期消毒;河蟹蜕壳前后适当补充矿物质,防止软壳蟹硬化延迟。对发病池塘,首先对病蟹的鳃丝进行镜检,如有寄生虫,则应先用纤虫净杀灭寄生虫,随后选用碘制剂消毒、氟苯尼考拌料投喂。

2. 腐壳病

腐壳病又称甲壳溃疡病、锈病,该病影响河蟹脱壳,严重时可导致河蟹死亡。

(1)流行。腐壳病主要是由于养殖后期,水体环境恶化,蟹受伤感染细菌所致。

(2)病症。病蟹步足尖端破损,胸背出现白色、黑色斑点(图6-1),严

重时出现溃疡,甲壳被侵蚀成洞,可见肌肉或皮膜。

图6-1 病蟹甲壳出现黑色斑点

(3)防治。河蟹养殖池塘水草覆盖率达50%~60%;养殖过程中需提供充足优质饲料;对于发病池塘,全池泼洒消毒剂,同时在饲料中添加抗菌类药物。

3. 腹水病

腹水病是由嗜水气单胞菌、拟态弧菌和副溶血弧菌等感染引起的危害很大的疾病,病蟹的背甲里有大量腹水。

(1)流行。全国各养蟹地区均有发生,1龄幼蟹至成蟹均受害,在长江流域于5—11月均有发生,以7—9月最为严重,发病率和死亡率都很高,严重的池塘甚至绝产。池中不种水草或水草很少,水质恶化的池塘发病尤为严重。

(2)病症。早期没有明显症状,严重时病蟹行动迟缓,多数爬至岸边或水草上,不吃食;轻压腹部,病蟹口吐黄水;打开背甲时有大量腹水,肝脏发生严重病变、坏死、萎缩,呈淡黄色或灰白色;鳃丝缺损,呈灰褐色或黑色;折断步足时有大量水流出;肠内没有食物,有大量淡黄色黏液。

(3)防治。内服氟苯尼考和多维,同时泼洒二氧化氯消毒剂。

4. 肝坏死病

肝坏死病是由细菌感染、饲料霉变和池底质污染共同作用引起的。

(1)流行。夏、秋季为其主要流行季节。

(2)病症。病蟹肝脏有的呈灰白色如臭豆腐样,有的呈黄色如坏鸡蛋黄样,有的呈深黄色,镜检有油滴状分散物。肝病中期,掀开背壳,肝脏呈黄白色,鳃丝水肿呈灰黑色,且有缺损。肝病后期,肝脏呈乳白色,鳃丝腐烂、缺损。

(3)防治。定期使用光合细菌、EM菌等有益微生物制剂,保持水质良好并进行预防;对发病河蟹内服恩诺沙星和复合维生素 C、维生素 E,连用5~7天。

5. 肠炎病

肠炎病是由嗜水气单胞菌感染引起的。

(1)流行。该病主要发生在成蟹养殖中,一般发病率不高,但死亡率可达30%~50%。

(2)病症。发病河蟹口吐黄色泡沫,摄食减少或拒食,肠道末端发红,没有粪便,打开腹盖,轻压肛门,可见黄色黏液流出。

(3)防治。预防方法主要针对1龄蟹种,越冬时培肥水质,适时补充幼蟹营养饲料;定期采用三黄散(水产用)100克,拌饵料20千克投喂,每15~20天使用1次。对发病河蟹内服恩诺沙星和复合维生素 C、维生素 E,连用5~7天。

6. 水肿病

病原体为假单胞菌,或因用药过量、河蟹腹部受伤引起。

(1)流行。水肿病发病率不高,但受感染的河蟹死亡率可达60%以上。夏、秋季为其主要流行季节。

(2)病症。病蟹肛门红肿,腹部、腹脐及背壳下方肿大呈透明状,病蟹匍匐池边,拒食,最后死在池边浅水处。

(3)防治。该病以预防为主,在养殖过程中,特别在河蟹蜕壳时尽量避免惊扰,以免受伤;经常添加新水,多喂鲜活动物饲料;定期用消毒药物全池泼洒,可选用溴氯海因粉(水产用)100克/亩·米或聚维酮碘溶液(水产用)250毫升/亩·米。对发病河蟹,采用全池泼洒戊二醛、苯扎溴铵溶液100毫升/亩·米或聚维酮碘溶液(水产用)250毫升/亩·米;同时用氟苯尼考+三黄散(水产用)拌饵投喂,连用4~5天;1周后全池抛洒底改或泼洒水质改良王,以改良水质。

7. 烂鳃病

病原体为柱状曲桡杆菌。

(1)流行。全国各养殖地区都有发生,尤其当饲养管理不善,水质、底质较差的情况下发病较多,严重时可引起死亡。

(2)病症。疾病早期没有明显症状。严重时河蟹反应迟钝,吃食减少或不吃食,趴在浅水处或水草上,有的上岸。鳃丝肿胀,呈灰白色,变脆,严重时鳃丝尖端溃烂脱落,解剖内脏可见肝异常。

(3)防治。预防采用定期泼洒20%的浓戊二醛溶液20毫升/亩·米,每15~20天使用一次。对发病河蟹,全池泼洒20%的戊二醛溶液20毫升/亩·米,病情严重隔日一次,连用两次;内服恩诺沙星等拌料投喂,连用4~5天。

8. 弧菌病

引起该病发生的原因,主要是饲养过程中河蟹受到机械损伤或敌害侵入使体表受损,继发性感染弧菌。导致该病发生的弧菌有多种,已报道的有副溶血弧菌、鳗弧菌、创伤弧菌、溶藻弧菌、哈维氏弧菌等。

(1)流行。该病在8—9月高温期间死亡率较高。在河蟹育苗的各个阶段均有发生,尤以溞状幼体的前期为重。由于具有很强的传染性和较高的死亡率,往往在2~3天时间导致90%以上的幼体死亡。

(2)病症。河蟹幼体和蟹种腹部和附肢腐烂,摄食少或不摄食,肠道内无食物;无粪便排出,体色变浅,呈不透明的白色;发育变态停滞不前,活动能力减弱,行动迟缓,匍匐在池边,有时呈昏迷状态,之后腹部伸直,失去活动能力。

(3)防治。弧菌病以预防为主,彻底清塘,并适当降低养殖密度;在捕捞、运输苗种等操作过程中,要尽量小心操作,避免创伤,避免给弧菌感染提供机会;及时更换新水,保持池水清新,以防止因有机质增加而引起亚硝态氮和氨氮浓度升高;发病期间,应适当减少人工饲料的投喂;育苗池和育苗工具,要用高锰酸钾或漂白粉彻底消毒。

三 真菌性疾病

1. 牛奶病

河蟹牛奶病的病原为真菌类的二尖梅奇酵母,感染二尖梅奇酵母的河蟹发病率可达90%,死亡率在50%以上。

(1)流行。我国北方地区4—5月份是河蟹牛奶病的高发期。

(2)病症。病蟹的典型特征为步足关节膜处呈乳白色,围心腔内可见大量白色乳状液体。

(3)防治。加强蟹种二尖梅奇酵母病原检测,不引进带病的蟹种。河蟹牛奶病以预防为主,目前针对水产真菌性病原,一般的抗生素类药物无作用,即便是抗真菌药物其作用亦不显著,且价格昂贵,也超过了对河蟹的药物安全浓度。

2. 水霉病

水霉病的病原为水霉菌。

(1)流行。水霉在淡水水域中广泛存在,对水温的适应范围很广,5～26℃均可以生长繁殖,凡是受伤的河蟹均可被感染,但是未受伤的一律不感染,严重感染时也会引起死亡,尤其是继发细菌感染时。

(2)病症。病蟹体表,尤其是伤口部位长有棉絮状菌丝,行动迟缓,摄食减少。如伤口不能愈合,会导致伤口部位组织溃烂,被细菌感染,最后死亡。

(3)防治。在放养、捕捞、运输等操作过程中勿使其受伤,以免体表破损后被真菌感染;在大批河蟹蜕壳时,增加一些动物性饲料;用3%~5%的食盐水浸洗病蟹5分钟,并用5%的碘伏涂抹患处。

四 其他疾病

1.颤抖病

河蟹颤抖病,又称河蟹抖抖病、河蟹环爪病,指因病原侵袭导致河蟹神经与肌肉传导系统损伤,以肢体颤抖、瘫痪,甚至死亡为特征的疾病。为我国水生动物三类疫病。河蟹颤抖病病原不清,主流报道病原有呼肠孤样病毒和螺原体。

(1)流行。我国各地河蟹养殖地区均有颤抖病发生。3—11月为主要发病季节,严重发病地区发病率大于90%,死亡率大于70%。

(2)病症。病蟹反应迟钝、行动迟缓,螯足握力减弱,摄食减少,甚至不摄食鳃排列不整齐、呈浅棕色、少数甚至呈黑色,血淋巴液稀薄、凝固缓慢或不凝固,最典型的症状为步足颤抖、环爪、爪尖着地、腹部离开地面,甚至蟹体倒立。

(3)防治。加强疫病监测与检疫,掌握流行病学情况;做好健康蟹种的选育;创造良好的河蟹养殖生态环境,定期消毒水体,加强发病高峰前的消毒预防。河蟹发病后即停止进食,药物治疗措施基本无效。

2."水瘪子"病

河蟹"水瘪子"病可能是由病毒、微孢子虫和细菌等多种病原引起,特别是由病毒引发的以肝脏、胰腺萎缩,水代谢异常为特征的疾病。

(1)流行。"水瘪子"病主要发生在江苏、浙江、湖北、安徽,全年均有发生,在河蟹蜕第3次、第4次壳期间开始大量出现。一般情况下养殖户难以及时发现,但一旦出现便难以治愈,即使不死亡,也会影响河蟹的商品规格、质量及成活率。

(2)病症。病蟹甲壳颜色发黑,壳薄且脆;病蟹大多空肠、空胃,没有食线或者食线是断开的;病蟹鳃萎缩,附肢发软无力、肌肉萎缩(图6-2),肝脏、胰腺颜色变成土黄色、淡黄色甚至白色并呈糨糊化萎缩坏死;严重的病蟹甲壳凸起,腹腔积液。

图6-2 病蟹肌肉萎缩

(3)防治。"水瘪子"病防控需选择健壮苗种,少用高毒、高残留的清塘药。另外,要定期消毒,在养殖过程中要适当补钙,尤其在河蟹蜕壳期前后,防止河蟹蜕壳后钙化不全出现软壳。

3. 蜕壳不遂病

蜕壳不遂既是一种疾病也是一种现象,造成河蟹蜕壳不遂的原因主要分为营养因素、病理因素、环境因素三大类。

(1)流行。蜕壳不遂病主要发生在夏天高温季节的精养塘中。

(2)病症。病蟹鳃丝发黑发脆、长满藻类或鳃丝溃烂而失去呼吸能力。病蟹常爬至岸边或水草上,暴露整个身体于空气中,口器无泡沫吐出。轻度患病蟹通过用药和改善生态环境可使其恢复健康,严重患病河蟹不久即死亡。

(3)防治。找出发病原因,对症治疗;饲料中增加动物性饲料的比例;增加池塘中水草的面积。

4. 青泥苔病

青泥苔病的病原体为丝状藻类。由于河蟹饲养密度过大,长期不换水或水源质量差,饲料投喂过多,导致残饵与排泄物污染水质引起丝状藻类大量生长。

(1)流行。春季随着水温的上升,丝状藻类在池塘浅水处开始萌发,长成一缕缕绿色细丝。

(2)病症。丝状藻类附着于蟹的颊部、额部和步足基关节处及鳃上,当丝状藻与聚缩虫等丛生在一起时,就会在蟹体表面形成一层绿色或黄绿色棉花状的绒毛,导致蟹活动困难,摄食减少,严重时可堵塞蟹的出水孔,使之窒息死亡。

(3)防治。用生石灰彻底清塘;一旦发病,应迅速换水,注水时应安有过滤装置,成蟹养殖池忌用农田水和含氮较高的水;对附着有丝状藻类的病蟹可用1%的甲醛溶液浸浴20分钟,或将病蟹放在0.5~1毫克/升的新洁尔灭与5~10毫克/升的高锰酸钾混合液中浸浴。

5. 中毒病

病因为池底产生有毒气体硫化氢、氨,或水中产生生物性毒素等,池塘水质恶化;药物使用不当或浓度过高,饲料变质或被毒物污染等,都可引起河蟹中毒症的发生。

(1)流行。在6—9月易发生中毒症。

(2)病症。有毒物质通过河蟹的鳃、三角膜进入体内,使河蟹背甲缘胀裂出现假性蜕壳,致使三角膜呈现红、黑泥性异状变化,腹脐张开下垂,四肢僵硬而死亡;或有毒物质通过食物由胃肠进入血液循环,使河蟹内分泌失调,螯足、步足与头胸甲分离后死亡。中毒后的病蟹活动失常,死后肢体僵硬、拱起、腹脐离开胸板下垂,鳃及肝明显变色。

(3)防治。6—9月份,每月用生石灰(5千克/亩)化水后全池泼洒;稻田养蟹,在给水稻施洒农药时要尽量洒在水稻叶面上,并要注意各种农药对蟹的安全浓度,农药对蟹的安全浓度如下:90%的晶体敌百虫为0.7毫克/升,硫酸铜为0.8毫克/升;发生中毒后,要立即彻底换池水,换水率应为300%~500%。

6. 常见敌害的防治

河蟹蜕壳期行动缓慢,防御能力较差,因此成为许多敌害生物捕食的对象。

(1)鼠害。养蟹池中经常发现水老鼠危害河蟹。在采取安全措施的前提下,在蟹池四周放置磷化锌等药饵毒杀水老鼠。或者在蟹池四周安防鼠笼、鼠夹和电猫等灭鼠工具。

(2)蛙害。青蛙对蟹苗和幼蟹危害很大。在放养蟹苗或蟹种前,彻底消除水中蛙卵和蝌蚪。还可以在养蟹区外设防护墙、防护网,进行防护。

(3)鸟害。鸟类如鹭鸶,也啄食河蟹,可以用草人威吓驱赶。

(4)水蜈蚣。俗称水夹子,是龙虱的幼体,对蟹苗和初期仔蟹危害很大。可在养蟹前,彻底清塘,过滤进水。如池中已有水蜈蚣,可用灯光诱杀和特制水捞网捕杀。

第七章 河蟹捕捞、暂养

▶ 第一节 河蟹捕捞

一 捕捞时间

人工养殖河蟹的捕捞时间,视生产管理情况和市场行情而定。一般9月下旬至春节都是河蟹捕捞、销售的季节。从生产的角度而言,河蟹从大眼幼体到养成商品蟹,要经过2个秋龄,即从第一年的4—5月份放养,到第二年的9—11月份,便可捕捞上市。但从市场角度来说,养殖户一般会对商品蟹进行暂养,选择合适的时机上市销售,以提高养殖经济效益,暂养时间可延长到12月份至春节前后捕捞上市。

二 捕捞方法

1. 干塘捕捉法

干塘捕捉是较为彻底的捕蟹方法。采取这种方法捕蟹时,首先应将塘水快速排浅。若塘中事先未设置集蟹槽及集蟹沟的,可在水位排至30~50厘米时,临时开挖。主要分为以下步骤:①将池底浮泥排去,再向出水口一侧沿池底中央开挖一宽度约50厘米的集蟹沟,沟深不限,但要向出水口一侧逐步倾斜。池塘面积大,也可开挖多条集蟹沟。②在出水口处,开挖一个集蟹槽,长、宽、深各为1米左右,并与集蟹沟相通。由于水位逐步降低,池蟹就会顺水爬入蟹沟,沿蟹沟进入蟹槽,最后用手抄网捕捉即可。

若蟹塘淤泥过多,河蟹可能会潜入泥中,不要直接下塘摸捉,可用微流水进行刺激。方法是让进水口缓慢进水,出水口以相同的速度出水。也可在第1天晚上加水淹没淤泥,第2天再将池水抽干,河蟹就会自动出来,再按上述方法捕捉。一次捕捉不完,可再加水反复进行,直到捕捉完毕。干塘捕捉时,若在冬季,应尽快抽干池水,否则河蟹会由于天冷而掘洞穴居或潜入泥底,给捕捉带来难度。快速排干池水的目的是使河蟹来不及打洞或入泥,也不会使蟹体冻伤。

2. 灯光诱捕法

俗语说"西风响,蟹脚痒"。当西风吹起、水温逐渐下降到适宜河蟹生长的温度以下时,将池水抽至30～40厘米,晚上河蟹便会上岸,这是捕蟹的黄金时期。在池塘的四角设置灯光,利用灯光诱集,待蟹聚集在灯光下时,即可徒手捕捉。徒手捕捉时,用食指和大拇指紧扣河蟹背壳两侧,使其双螯无法施展,如此既安全又不伤蟹体,若戴手套,效果更佳;也可在灯下挖设数个土坑,坑中放入铁桶或塑料桶,河蟹趋光误入坑内,即可集中捕捞。

3. 掘洞捕捉法

蟹池中会有部分懒蟹,活动能力弱,对水流和灯光的刺激不太敏感,只有采取掘洞的方法捕捉。使用这种方法,应用小铲等工具细心地在洞口旁挖掘,待河蟹露出时再捕捉。切不可用手直接向外强行拖拽,否则,不但会拽断附肢,而且还会使洞中的河蟹贴泥更紧,增加捕捉难度。此法会损毁塘埂,一般不用。

4. 搭巢捕捉法

在冬季捕蟹,由于天气寒冷,水温低,蟹穴居洞中及池底淤泥内,捕捉少量河蟹,可采用搭巢捕捉法。具体操作为在池底或池边用砖块、瓦片等搭建人工蟹巢,河蟹便可自动入巢,即可集中捕蟹。也可在蟹洞上

放上浸湿的草包或稻草,由于草下温暖,河蟹会藏身其中。捕捉时,只要快速掀开草包,即可捕之。

5. 地笼捕捉法

地笼捕捉法适宜不易排干池水捕捉的水域。通常在池塘内每隔10~20米放一条地笼,方向与水流方向垂直。将地笼沉在水底,两头拉紧绷直,底网紧贴池底,长度数十米不等,形似长箱形,截面近方形,高和宽为40~60厘米,用铁丝做框架,用聚乙烯网片包裹在框架上,两端可长距离延伸,"地笼"由此而得名。地笼两头系上竹竿,竹竿插入池中固定,地笼两头露出水面。每天清晨只需提出地笼,倒出成蟹后,扎好放回原位即可。也可在地笼中放入诱饵,引诱河蟹入内,捕蟹效果更好。

▶ 第二节　商品蟹暂养

一 暂养目的

秋季是河蟹捕捞的季节,捕捞过晚,天气转凉,蟹因生殖洄游而穴居越冬不易捕捞。但秋季起捕的成蟹性腺尚未成熟,蟹黄不饱满,肥满度差,蟹肉口感偏嫩,含水量高,口味欠佳;同时大量成蟹集中上市,市场供应量大,价格不高,且此时气温尚高,运输过程中死亡率较高。因此,将捕出的成蟹放入网箱暂养,进行育肥增重,提高品质,择机销售,增加经济效益。

二 暂养方式

当前,河蟹暂养主要有池塘暂养、水泥池暂养、网箱暂养和蟹笼暂养等方式,各具特点,分别介绍如下:

1．池塘暂养

（1）暂养池要求。要选水源充沛、水质良好、底质坚硬、环境安静、通电通路的地方建池。暂养池面积2 000~3 300平方米，长方形，东西向较好。蟹池要留2/3~3/4的面积作深水区，其余作浅水区。深水区深度1~1.5米，浅水区深度0.3~0.4米，并栽植水草。暂养池配备增氧设施。围栏设施材料要价廉适用，如铝皮、钙塑板等。

（2）暂养池消毒。河蟹暂养前15天左右，对暂养池中的淤泥、杂草、杂物进行清理，再用生石灰化水全池泼洒，以消灭有害生物，生石灰用量为150千克/亩。

（3）商品蟹暂养。暂养的商品蟹规格应在50克/只以上，要求肢体健全、活跃、无病。入池时要把软、硬脚蟹分开，雌、雄蟹分开。按照100克/只以下、100~150克/只、150~200克/只、200克/只以上四种规格分开暂养。

（4）暂养投喂。暂养期间，确保饵料充足，避免因竞食而相互残杀。饵料主要为玉米、小麦、黄豆以及小鱼、小虾、碎螺蚌肉等，同时投喂山芋、南瓜、苦草、青菜等青料。日投喂量为暂养河蟹体重的10%。每天上下午向塘内的食台各投一次，其中，上午投饲量占全天的40%，下午投饲量占全天的60%。

（5）暂养池水质管理。在暂养池中每亩放养规格为250～500克/尾鲢鱼50~60尾，鳙鱼25~30尾。每隔15天用二氧化氯消毒水体1次，1天后使用益生菌制剂调水。

（6）病虫害防控。注意观察和看管，发现敌、病害应及时采取相应的防治措施。

（7）捕捞销售。若零星销售，可事先用地笼捕捉后，置于蟹笼中暂存销售；若批量销售，可选择商品蟹价格高位时放干池水全部捕起销售。

2．水泥池暂养

（1）暂养池建设。在养蟹基地附近建造水泥池，面积200～600平方米，四壁用砖砌水泥抹平，底质硬化，池深1.2～1.5米，建有进排水系统和

增氧系统。

(2)暂养池消毒。河蟹暂养前15天左右,每平方米用120克生石灰化水全池泼洒,清池消毒。待毒性消失后投放暂养的商品蟹。

(3)商品蟹暂养。暂养时,将雌雄、不同规格、软硬脚蟹分开暂养,规格可分为100克/只以下、100~150克/只、150~200克/只、200克/只以上四种,暂养密度为0.5~0.75千克/平方米。若暂养时间较短,密度可适当增加。

(4)暂养投喂。河蟹暂养期间,要先投喂河蟹喜爱吃的饵料,如鱼虾、蚌肉、山芋、南瓜等,也可投喂河蟹育肥全价颗粒料,使其尽快育肥增重。短期暂养则不必投饵。

(5)暂养池水质管理。由于暂养商品蟹密度较大,投喂饵料多,水质容易恶化,所以要重视水质管理。暂养池水位保持1米左右,当水温高于10℃时,2~4天更换一次池水,每次换水量约1/3。如池水恶化,用适量的生石灰化水泼洒。冬季池水加深至1.5米以上。

(6)上市销售。暂养的商品蟹如分批上市,可在夜晚诱捕上滩的蟹,如整批上市,可排干池水捕捉,同时清池,拣除死蟹,扫除残饵,重新放入新水继续暂养。

3. 网箱暂养

(1)网箱暂养特点。网箱暂养与池塘暂养相比有以下优点:①能保持水质清新,保持较好的生态环境,不像池塘暂养需经常换水。②网箱暂养有利于集中投喂,饲料利用率高。③网箱暂养便于分级放养和及时捕捉,便于及时批量上市。④网箱暂养易观察,可随时掌握商品蟹健康状况,便于病害防控。⑤网箱暂养密度比池塘暂养密度高,暂养时间不宜过长。

(2)暂养网箱制作。网箱主要制作材料为聚乙烯网片、竹竿、木条等,网箱规格一般以宽2米、长3米、高1米为宜,也可根据实际情况进行调整。网箱上口设置"门"状防逃飞檐,飞檐顶宽15厘米,飞檐内侧缝上高8~10厘米的塑料防逃膜,箱底均匀分布4~6根长度与网箱宽度一致、方向与网箱宽边平行的竹竿或木条作为支撑杆,保障箱底的平整度,同时便于整理存放。

(3)暂养网箱固定。将高度为2~2.5米的竹竿(木桩、漂浮物、镀锌钢管均可)垂直插入暂养水面中,再将网箱固定在竹竿上,网箱上口的4个角以及下口的4个角分别用聚乙烯网绳绷紧系于竹竿上,箱距1米左右,每排网箱的间距应不低于6米。网箱底部离池底距离不少于40厘米。

(4)暂养水面选择。选择水深面宽、水质清新、无污染、无大浪、交通方便、宁静、便于管理的河沟、湖泊、水库作为商品蟹暂养水面。暂养期间,如气温在10℃以上时,箱体可露出水面0.2米左右,箱顶要覆盖水草等遮阳物;如气温在10℃以下时,则把网箱沉到水面以下0.3~1米的深水里,以防霜冻等恶劣气候的影响。

(5)暂养成蟹的要求。暂养河蟹的体重应在100克以上,体质应强健;大蟹、中蟹、小蟹、软脚蟹、伤残蟹及病蟹应分开单养。暂养的密度根据暂养水体水温、商品蟹规格和暂养时间来确定。一般来讲,暂养时间较短的,暂养密度为15~25千克/立方米为宜;暂养时间较长的,暂养密度为5~10千克/立方米为宜。

(6)暂养投饵。商品蟹暂养期间,应保证饵料充足。饵料品种要多样化,以植物性饵料为主,动物性饵料为辅。植物性饵料可选用玉米、黄豆和南瓜等,以玉米为主;动物性饵料可选用绞碎的螺蛳、河蚌和小鱼虾等,以小杂鱼为主。投喂的饵料要确保新鲜适口,质优量足,均匀合理。

(7)水质管理。网箱暂养时间长,残饵、粪便易污染水质,根据水质情况可在池塘里使用生物底质改良剂、换水等方式调节水质,改善底部生态环境,以防氨氮、亚硝酸盐等有毒有害物质超标。一般要求2~4天更换一次池水,每次换水量约1/3。如池水恶化,用适量的生石灰化水泼洒。冬季池水加深至1.5米以上。

(8)病害防治。主要防止纤毛虫病发生,可在塘口准备时按每立方米水体用硫酸锌2~3克进行一次预防,水质较肥时可适当增加用量。河蟹暂养过程中应重点预防青苔的发生,青苔不仅影响河蟹的质量同时附着在网箱上影响水体交换。预防青苔的主要方式是培肥水质,网箱发生青苔时可将网箱内的河蟹清空,将网箱吊起晒干后再使用。

(9)捕捞上市。捕捞时间和数量,应根据市场需求而定。方法是抬箱离水捉取,装箱出售。软脚蟹、伤残蟹不能装箱运销。运蟹箱的容积应控制在0.05立方米之内,箱高不应超过0.25米。

(10)网箱保存。暂养结束后,网箱存放前应冲洗干净并充分晾晒,保存在避光干燥处。一般直接在暂养塘口水面以上搭设存放架,用防水雨布和遮阳网遮盖,既防止日晒雨淋,也可防止放在岸上被老鼠咬坏。

4. 蟹笼暂养

(1)蟹笼制作。用竹篾编成一定大小的蟹笼,呈鼓形,也可用枝条编成一定规格和形状的蟹篓。通常蟹笼底部直径为40厘米,高40厘米,口径20厘米,也有底部直径在100厘米以上的大蟹笼或蟹篓。还可用竹片、铁条等材料编成长方形蟹笼或蟹篓。

(2)蟹笼布置。暂养时选择水质条件较好、水位较深的池塘或外河,打好木桩,搭好横杆,做好跳板,将装好商品蟹的蟹笼(或蟹篓)悬吊在横杆下,笼子入水1~1.2米,笼(篓)底不着泥。

(3)商品蟹暂养。根据蟹笼(篓)的大小和只数,放养经过严格筛选的商品蟹。放养量根据蟹笼(篓)大小、饲养管理水平以及暂养时间而定,有条件的还可雌、雄分开装笼。

(4)暂养育肥。蟹笼吊入水中后,定期向笼内投喂一定数量的动物性饵料和青菜叶等,并加强管理,以促进河蟹增肥增重,达到膘肥体壮的要求。此法方便灵活,暂养时间可长可短,饲养管理方便,不易逃蟹,暂养的成活率较高,一般都在95%以上。利用蟹笼(篓)暂养商品蟹,不仅经营单位可以采用,生产单位也可以采用;不仅可暂养商品蟹,而且可暂养

亲蟹。

（三）包装运输

　　商品蟹上市销售一般要进行包装和运输，泡沫箱是常用的包装工具。运输时，根据发货距离和收货地的气候特点，在泡沫箱内放置数量不等的冰块，冰块与商品蟹之间使用薄棉或编织袋隔开，泡沫箱需穿孔防止箱内缺氧。河蟹装箱时需将河蟹进行捆扎，防止河蟹活动消耗体力影响运输成活率。当气温低于0℃时，捆扎、打包工作应在室内进行，有条件的加开空调等制暖设备，防止气温过低导致河蟹冻伤或蟹腿掉落，影响销售。

（四）上市销售

　　暂养的商品蟹销售时间根据市场行情、暂养数量、销售渠道、暂养时间长短、河蟹体质等情况来确定，一般选择在元旦、春节、元宵节等重要节庆期间行情高峰时上市销售。暂养期间，随时关注暂养池水质以及河蟹情况，如遇水质突变、水温超过10℃、河蟹死亡量增加，要及时起捕上市，规避暂养风险。